送给从未有过优越感，

光是让自己不自卑

就已经花光所有力气的人

万特特 著

这世界很好，但你也不差

新世界出版社
NEW WORLD PRESS

图书在版编目（C I P）数据

这世界很好，但你也不差 / 万特特著 . -- 北京：新世界出版社，2021.8（2024.11 重印）
ISBN 978-7-5104-7266-4

Ⅰ．①这… Ⅱ．①万… Ⅲ．①成功心理—通俗读物 Ⅳ．① B848.4-49

中国版本图书馆 CIP 数据核字（2021）第 057803 号

这世界很好，但你也不差

作　　者：万特特
责任编辑：丁　鼎
责任校对：宣　慧
责任印制：王宝根
出　　版：新世界出版社
网　　址：http://www.nwp.com.cn
社　　址：北京西城区百万庄大街 24 号（100037）
发 行 部：（010）6899 5968（电话）　（010）6899 0635（电话）
总 编 室：（010）6899 5424（电话）　（010）6832 6679（传真）
版 权 部：+8610 6899 6306（电话）　nwpcd@sina.com（电邮）
印　　刷：吉林省吉广国际广告股份有限公司
经　　销：新华书店
开　　本：880mm×1230mm　1/32　尺寸：145mm×210mm
字　　数：200 千字　印张：8.25
版　　次：2021 年 8 月第 1 版　2024 年 11 月第 14 次印刷
书　　号：ISBN 978-7-5104-7266-4
定　　价：49.00 元

两只每天在鼓楼西剧场院里接受艺术熏陶的“文艺喵”。

很多时候我们不是没有与人相处的能力，

而是没了与人逢场作戏的兴趣。

3 月的外滩，铺满了娇艳的郁金香。

听说以前的人在花开季，要做很多事，

踏青、宴乐、吟诗、弹琴。

看花，是简单而实在的让人觉得美好的事。

动物园里，两只盯着同一根胡萝卜的斑马，

不难猜到，仰起头的那只，一定是抢到了胡萝卜。

很多不快乐是从期待开始的，

如果期待落空，就仿佛自己的东西被夺走，

如果一开始没有期待，那么得到一点点都是意外之喜。

想做一个粗心的旅人，用“度假”取代 “旅行”，

从一个地方到另一个地方的目的，

不再是为了获取新知，仅仅是为了远离所熟悉的一切，

到一个陌生的地方待上几天而已。

随着初秋一起到来的，还有我的三十岁，

我把它叫作“新的十八岁”。

2018年的草莓音乐节，朴树戴着头巾，在台上唱着：

“背叛务必坚决，告别也需要体面。

我没什么可以解释的，这是我的命运吧……”

Preface

前言

—

这本书，在一年中最闷热的八月完成。记录了从二十岁到三十岁的姑娘们窘迫、生动、无畏的经历，涵盖了生活、职场、感情和个人成长。

在这里，首次讨论原生家庭、嫉妒心等疼痛型敏感话题，以及“人均抑郁”情绪障碍，还有亲人离世、前任复合、购置人生第一套房产的心理感受。

里面所有的故事，即便你抹掉时间、打乱编排，依然能在自己的生活里时时遇见这些故事主角曾经历过的心情。

我们，就是他们。

这十年里，我和书中的她们一样，也有过很多小问号。

作为女孩子要不要自己买房？可爱在性感面前一文不值吗？原生家庭对一个人到底有怎样的影响？经常和我聊天的人，是不是喜欢我？是自己矫情，还是别人无趣？既然人生这么难，为什么还让我们来走这一遭？人这一生一定要结婚吗？那些喜欢道德绑架的人到底在想什么？真的是因为奶茶好喝，还是我找不到别的快乐？拒绝别人的时候，为什么会感到愧疚？

这些问题，都暗示着深深的自我怀疑，暗示着对寻求安慰和获得外部认同的需要，是低自尊和缺乏自我肯定的表现。这一切问题都指向一个心理原因：总觉得自己不够好！

从前我们经常说，要懂得爱自己，而这一次所传达的是要"信自己"。在这个快速发展的时代，让人"丧"很容易，但让人信自己却很难。我把生活奇遇和思考所得，慢慢摊开，与每一个读到这本书的人分享、讨论你要信自己的理由。没有太多稚嫩空想和热血口号，只有真实的故事和复杂的生活感触。

有些路，一步也不能错过。到了这个年纪才明白，经历的意义并非是用来定义你，而在于指引你。

这本书能带给你什么呢？

它没有想给你猛灌鸡汤，也没有给你"画大饼"规划未来生活蓝图，而是一本实地勘探过后的"排雷指南"和"战地实用手册"，并非人迹罕至之地的游记，而是亲身经历的攻略。记录了并不怎么体面，甚至有点灰头土脸的艰难阶段。

不为煽动情绪焦虑，也不单单只是"拍拍你"。成年人了，我想给你们更实在一点的。我把那些和你情况差不多的年轻人遇到的生活问题，他们的遭遇、他们心里的困惑纠结，以及最终的决定，都记录了下来，然后送到你面前。

像是考试时，闺密偷偷递来的一个答案，不保证全对，但一定有用。想给你提供一种应对当下生活的思路。

像重返现场一般回看这本书的时候，我也会忍不住在心里感叹：“这段写得真好呀”“这个故事真棒”，但是比起这些，我更多关注的是“结论是不是太绝对”“应该少一点‘我觉得’”“故事情节不够饱满”“这个观点有点幼稚”“以后应该多一点情节”……

平心而论，这本书并不完美，但它也有不小的进步和改变。不完美并没有什么不好，就像这些年我的一个变化，并不是从悲观变成了乐观，而是不再把悲观当成坏事。就像我有一颗蛀牙，但它并不影响我怼人时的伶牙俐齿和品尝美食时的大快朵颐。

因为我知道，即使重来一次，也未必会好过现在，这已经是我在当时所能看见的、想到的最好的东西了，我相信它会对你有用。

反正人就是这样，回头看自己走过的路，总是会遗憾自己不能走得更好些，但也要知道，当时的自己其实已经用尽全力了。所以不要轻易去责怪，或者感觉遗憾，把你放到同样的年纪再来一遍，你还是会走差不多的路。

人就是在并非尽善尽美的环境下长大的，这一路上很多错误和失去都是避免不了的。不必妄自猜测自己的得与失，只要今天比昨天好，你就已经做到了最好的自己。

这个世界上有很多东西细小而琐碎，不用心去体会，你几乎感觉不到。正是它们的存在，在不经意的时刻支撑我们渡过许多难关。就像我们的手纹、鞋底的纹路，是它们让我们在拿起杯子的时候、走在楼梯的时候，增加了摩擦，防止跌落、摔倒，我们并不会在意它们的存在。

生活只要还在继续，就没有所谓的大团圆，它既没有让谁做了一生美梦，也没有成全所有的灰姑娘，它只是一只无形的推手，推着每个人一步一步往前走，一点一点享受这个往前走的过程。

在无常的命运里，在反复自我拉扯的过程中，我们都在寻找各自的光，那么“信自己”就是最明亮的那一束。

对自己多用点心，日益努力，而后风生水起。尽情玩耍，尽情学习，尽情热爱，尽情讨厌，在需要的时候释放善意，在必要的时候展现强硬，把这不得不过完的一生，变成值得庆贺的一生。

毕竟这世界很好，但你也不差。

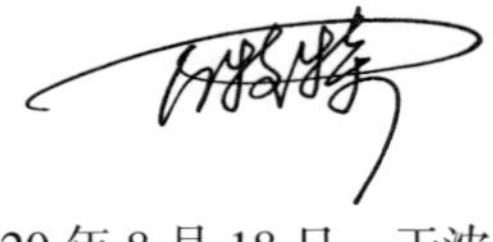

2020 年 8 月 18 日　于沈阳

HHX
SABIAN

傍晚的海边，看看云、水和光。

我知道感官的丰盛无法完全被记住和分享，

但还是忍不住在动情时发出“好美呀”的感叹，

并想要留存毫厘，于是拍下了这两张照片。

在北京，你绝不会只因为一分的努力就能在国贸随便刷卡，

也不会因为两分的努力就能体面地生活在三环里。

你只有拿出十二分的努力才有可能，只是有可能在这里过上还不错的生活。

在“失恋 2.0”主题展拍的照片。

当时随手发到小红书上，浏览量惊人。

关于过去，我们可以回头看，但是不能回头走。

因为逆行是全责，要有勇气成为他人的过去。

女孩子在互相交换购物链接的同时，

友谊也就完成了盖章确认 。

欢迎来我家一起拆快递。

12 月的圣诞主题花艺课，

诺贝松为环，木槿花、蔷薇果、东青果、

女贞、桂皮和松塔为饰。

听说圣诞花环上一定要有桂皮，

许愿才会灵验。

Contents

目录

—

比起成为井井有条的大人，

我更希望你是被人偏爱的小朋友。

风月都好看，人间也浪漫。

愿你所见皆美好，所行皆坦途。

我猜，大部分人的愿望，

应该都是父母健康、日子顺遂吧。

毕竟家人平安喜乐是第一，

其余都是锦上添花。

2020 新年前夕，带奥斯卡回黑龙江过年，

在盛满了雪的矮松前拍下这组照片。

经济上我养它，精神上它养我。

每一天毛茸茸的陪伴，对我来说就是最好的治愈。

01

前任发来好友申请，你会同意吗？

—

我挺喜欢你的，
但这事过去了

—

总有女孩更愿意相信，是他忘不了自己，是他还爱自己。

但我说句让你难受的话，比起终于悔悟不想失去你，

更大的可能性，是他再没有遇到比你更好的女孩，

如果遇到了，他不会想起你是谁。

—

网购了一套家居收纳盒，于是整理旧物的时候在一本书里翻出一张照片。是一个男生的背影，穿白色T恤，随意站在绿草地上。那是我整个大学时期喜欢的男孩，如今再看，太普通了。

现在想起来好傻，我以前居然因为喜欢他而偷偷藏了这张照片，还真是很俗套的校园恋爱。

我讲过很多别人前任的故事，却极少提起自己的前任。

那是一种什么感觉呢？就像是我曾经为之付出过的真心，在时隔多年后的今天，无论以什么样的情绪和语言去回忆，都觉得太轻了、太浅了，所以很多时候都变成了不如不说。

当年被“绿”的人是我，爱上另一个女孩的是他。命运的有趣在于，分手后的第七年，他来我所在的城市，希望复合的也是他。他背着双肩包，站在漫天大雪里，俊朗的模样分毫未改变。

“好久不见。”还是那个声音。

“开场白太老套了。”我笑笑。

我心平气和地和他坐在我喜欢的餐厅里，听他说起这些年在国外的事。那些被我预想的情绪，对他的好奇和兴奋，对过去那些事的愤怒、委屈和歇斯底里，统统都没有。

“有些话我想当面跟你说。”他先开了口，“以前的事，是我对不起你……”

“别提以前了。”我打断他，抬头看着他的眼睛说，“你知道吗？校门口那家我最爱的奶茶店，我已经记不起它的味道了。”

“我可以陪你找到新的奶茶店。”

“可我已经不爱喝奶茶了。”

我在心里一遍遍地跟自己说：“这就是你曾经深爱的少年啊。”

我甚至在脑子里想起《恋恋笔记本》里艾丽和诺亚重逢的场景，但是很抱歉，我骗不了自己，也不想骗他。

那一刻我才知道，当年变心的是他，如今变心的是我。我像看见一个许久未见的朋友，没有心慌更没有心动，连小小的紧张都没有。哪怕我知道，或许这一辈子，我再也不会像当初爱他一样去爱另一个人；哪怕他的这次回头，是我们之间唯一的一次机会；哪怕……

嗯，我还是不想再给我们一次机会了。

当我不再是当年那个暗暗自卑、需要被认同又小心翼翼的女孩，他的独特非凡就成了再简单不过的寻常。现在我才明白，他并非自带光芒，而是我的爱给他镀上了一层光环。

很多时候，爱情的发生是需要机缘的。不同的人生阶段，爱情的触发机制都会有所不同。青春期喜欢有书卷气的白衣少年，再长大些会喜欢幽默风趣的，奔三之后或许会更喜欢踏实靠谱的男人。

我身体里的细胞在更新，我对爱和陪伴也有了不同的理解和需求。他很好，但我也不差，甚至在分开的这些年里，我比他更快地成长。

很多时候，一段感情结束了就是结束了，失而复得这种事在现实里并不常见。需要珍惜的时候你没珍惜，等我离开了，关系结束了。想反悔？不行的，没用的。对一个人的“我喜欢过”和“我现在仍喜欢”完全是两回事。并不是你每次跑回来找我，我都是留在原地的。

当时以为一辈子不会消失的爱意，如今想来却觉得是自己的痴傻。单纯也好，成熟也罢，爱情的修缮从来都逃不过时间的过滤。要有勇气成为他人的过去。

虽是如此，每每想起过往种种，心中依旧会有难言的酸楚。

顶着大雨就为了给他送一杯热果汁；逃课去球场看他打球；看到好看的云、奇怪的树都想第一时间拍下来和他分享；在运动会上拿校服为他撑起一片阴凉；彻夜未眠为他织一条白围巾；听说他有一个难忘的青梅竹马，我哭着回宿舍喝了酒。

有次在读者群和大家聊起这些，有个女孩说：“看姐姐的书，一直认为姐姐是个很飒的人，是不会为男生流泪的人。”

“不不，姐姐从前也是恋爱脑。”

但我怀念的，从来不是那个少年，而是当年为爱而莽撞笨拙、有点一根筋的自己。那样单纯且极致的心动，在多年之后的今天，很难再一一重历。

他离开这城市的那天，发微信给我：在我们重逢的那一刻，我就知道你放下了，因为你看我的眼神里不再有星星。

“一路平安。免回。”我明白的，推开一部分爱的同时，我也推开了一部分的自己。当一个女孩子对你不动声色，毫无波澜，喜怒哀乐不再跟你沾边，才是爱情最终的落幕。所有的牵绊至此松开，宇宙浩瀚，此去一别，不必再见。

很多年后，我读到一段话：关于你我之间的结局，如果这样还不是最好，那怎样才是最好？无非是你住静谧河滨，我住寂寞城堡。

忽有故人心上过，回暮已是万重山。值得庆幸的是，对于有的关系我可以大方地说出我尽力了，我付出了诚意和时间，我丝毫不会觉得遗憾。该后悔的人，不应该是我。

可以回头看，但是不能回头走，因为逆行是全责。

—

还记得我在《你并非一无所有》一书中提到过收到前任结婚请柬的豆豆吗?

豆豆的前任，我们叫他燃哥。在豆豆收到请柬后，我们这些当年的好朋友也都陆续收到了婚礼邀请。我原本是不太想去的，直到我接到豆豆在机场打来的电话。

“亲爱的，我刚刚落地，这几天想暂住你家。”

“好，那我给你换一套新床品，但你大老远赶回来参加前男友的婚礼，这不是找虐吗？”

豆豆说：“我就是回来找虐的。”

我们在婚礼开始前半个小时赶到，婚礼正式开始，燃哥作为新郎先上了台。原本兴奋异常的豆豆，看见穿着礼服的燃哥，一下子安静了下来。

人生中总有一些时刻，我们会从热闹中突然沉默下来，这种沉默背后也许有千言万语，也许什么也没有。

豆豆就这样看着新娘的父亲把新娘的手交给了燃哥。我有些担心地看着豆豆，她使劲挤出笑容。台上，新郎新娘交换戒指，说“我愿意”。

新郎新娘下台敬酒，还没到我们这桌，豆豆已经给自己灌了两杯白酒。

“别喝了，你的眼眶都红了。”朋友看豆豆喝了一杯又一杯，忍不住劝她，可她根本不听，仰头又是一杯。

燃哥和新娘走过来，豆豆这时候站起来，我才发现豆豆穿了白裙子。

“今天照顾不周，改天咱们再聚，谢谢大家能来。”燃哥没有看豆豆，我觉得他是不敢看。豆豆举杯：“祝你……祝你……不说了，我干了。”

婚礼气氛本来已渐渐回落，宾客们大多吃饱准备撤了。偏偏这时候主持人说有没有亲朋愿意上台讲几句，为新人送上祝福。

豆豆突然拿起桌子上的一瓶洋河大曲，咕咚咕咚灌了几口，“噌”地站起来，冲了上去。

我拉了豆豆一把，没有拉住，心想：坏了，要出事。

接下来的画面，深深地印在我的脑海里，至今不管参加谁的婚礼，我都会想起那天的豆豆。

豆豆跌跌撞撞地冲到台上，看了燃哥一眼，然后跟乐队小声嘀咕了几句，便站在台中央。

她唱了周蕙的那首《约定》。唱完后，豆豆站在台上，拿着麦克风大声说："刘子燃，你放心，我就到此为止，不会做更过分的事，我不想以一个不堪的、疯了一样的形象到最后，我记得我当初出现在你世界里的时候，挺可爱的。刘子燃，祝你幸福！我丁豆豆祝你幸福！"

我们几个在台下心惊胆战，新娘子的脸拉得老长，亲友们惊得下巴掉了一地，来不及捡起。

燃哥只是安静地看着豆豆，什么都没有说。

我们几个上去把豆豆拽了下来，在新娘叫保安之前，把豆豆带离了现场。

——

大概是刚刚酒下肚得太急，豆豆在路边吐了好一会儿。

吐完后她的第一句话是："胃倒空了，我们吃烤串去吧。"也好，毕竟刚刚大家被她惊吓得也没吃什么东西。就这样，在烤羊肉串的烟雾中，豆豆再一次讲述了她和燃哥的少年往事。

别看刘子燃名字挺燃，小时候却是个怂包。那时候班级里流行收集三国人物卡片，刘子燃攒了三个星期的零花钱，一口气买了二十包零食，终于吃出了诸葛亮那张卡片。

“我抽到诸葛亮了！”刘子燃只开心了五分钟，就有一个高年级的男生过来，一把将卡片抢了过去，“拿来！”刘子燃委屈得不知所措，眼泪差点涌出来。

可在第六分钟的时候，他经历了人生中最重要的时刻。

刘子燃的新同桌丁豆豆不知道从哪里跑出来，一拳打在那个男生脸上，又抬腿绊倒了他，抢回卡片，拉着刘子燃就往外跑。

丁豆豆像个坏小子一样玩命地跑，刘子燃像个小女生似的跟在她身后跑，就在那一刻，刘子燃突然从心底生出几分欢喜，这大概就是少年的情窦初开吧。

跑累了，丁豆豆停下来，说：“东西给你，不要再被别人抢走了。我先回班级了。”

“嗯！”

刘子燃看着眼前发光的女孩子，狠狠地点了点头。

那个被丁豆豆撂倒的男生，是校长的外孙。所以丁豆豆的爸妈又是赔礼道歉，又是赔了医药费，当然丁豆豆回家也少不了挨了一顿揍。

刘子燃心里愧疚，问丁豆豆：“我能为你做点什么吗？”

“做哥们儿吧！”丁豆豆歪头一笑。

这一笑，刘子燃又沦陷了一点。

—

有天轮到丁豆豆这组值日生打扫操场。丁豆豆被篮球场上飞过来的球砸中，一阵头晕眼花。

“谁?!”

“同学，砸一下没什么吧？别矫情了。”

丁豆豆看了看篮球场上的几个男生，心里一想，没什么胜算，算了。这时候手里的水桶不知道被谁拽了过去，紧接着，水桶里的脏水就被泼到了那个男生的身上。

丁豆豆回过神一看，是刘子燃。这时候刘子燃已经和几个男生扭打在了一起。

“哎呀，刘子燃你打不过的，你快放手。”丁豆豆急得快哭了。

经过这两次“校园斗殴事件”，这两个人被班主任归为了问题学生之列，而丁豆豆也被刘子燃在心里归进了“喜欢”里。

从那以后，刘子燃确定自己是真的很喜欢丁豆豆。他每天都故意在餐厅偶遇她，想和她一起吃饭。有时候，还会把买好的饮料和面包提前放到丁豆豆的书桌上。收作业本的时候，最后收丁豆豆的，因为丁豆豆是个不爱完成作业的学渣。在模拟考的时候，偷偷扔纸条给她。

年少时喜欢一个人，用力对她好就是全部，每天在操场寻找她的身影，就是最开心的事。

——

高三那年，所有人都绷紧了神经。为了让丁豆豆能考上大学，刘子燃经常主动帮她补课，丁豆豆感激涕零，连连保证一定好好考，不辜负刘子燃的苦心。

不过刘子燃心里有自己的小算盘，因为他所有的付出里，都藏了一个不可言说的秘密，那就是为了向丁豆豆表白而积攒底气和勇气。

虽然这个决定早就做好了。

高考结束那天晚上，两个人在附近的公园里散步，刘子燃想牵丁豆豆的手，但是又不敢。丁豆豆那天话格外地少，她在想什么刘子燃不知道。

天空突然下起了淅淅沥沥的雨，两个人明显还不想回家。

刘子燃掐了一下自己的大腿，说："豆豆，其实我挺喜欢你的。"

"我知道。"

片刻安静，刘子燃只能听见自己急促的心跳声。

"刘子燃，如果我们不能考进同一所学校怎么办？"

"你在哪，我的青春就在哪。"

"那我们在一起吧。"丁豆豆把自己的手放进刘子燃全是汗的手心里。

"嗯！"

丁豆豆把耳机塞进刘子燃的耳朵里，里面唱的是周蕙的《约定》。

这场刘子燃憋了好多年的表白，最后在丁豆豆的主动牵手下完成了。

高考成绩公布，刘子燃查了自己和丁豆豆的成绩，然后站起身来就往外跑。

刘子燃跑到丁豆豆家楼下大喊："豆豆！下来！"

丁豆豆冲出来，紧紧地抱住刘子燃，哭着说："我比你少了一百多分，怎么办？怎么办？"

"没事的，没事的。"

后来，刘子燃去了北京，而丁豆豆去了西安。刘子燃向丁豆豆保证，绝对不会让异地成为他们爱情的阻碍。

那时候的他们，还不知道那句"在一起"背后的代价有多大。

——

大一、大二的时候，专业课排得很满，可刘子燃还是会抽出时间，坐 13 个小时的火车去看丁豆豆。每次看着丁豆豆蹦蹦跳跳从校门口跑过来，刘子燃都觉得，那就是他的全世界。每次走之前，刘子燃都会叮嘱丁豆豆，上了大学，不可以再打架了。

有次丁豆豆来例假，在寝室痛得滚来滚去。半夜的时候点开刘子燃的对话框：我想你了。

没想到刘子燃秒回："豆豆你怎么了，没事吧？"

本来能忍的疼痛，在这一刻绷不住了。丁豆豆捂着被子哭了起来。

第二天下午，丁豆豆还没出宿舍，就听见室友喊："丁豆豆，你男朋友来看你了！"是的，她的男朋友刘子燃拎着一兜子红糖、红枣和桂圆出现了，他说要给他的豆豆煮水喝。

"我们以后会分手吗？"

"不会。"

"假如你就是没有娶我呢？"

"不存在这个假如。"

"如果我嫁给了别人呢？"

"那我就去砸场子，学你当年的样子，上去给那个男人一拳，然后拽着你就跑。"

"哈哈，那你一定要来，我会穿平底鞋，这样跟你跑的时候比较快。"

丁豆豆在说到这段的时候，放下了手里吃了一半的烤鸡胗，眼泪"吧嗒吧嗒"地掉下来。

"我没有想到他会在半夜回我的信息，也没想到第二天能看到他。那个时候，我是真的以为我们可以一直走下去的。"

可丁豆豆还是错了。再后来，联系的时间越来越短，沟通变得越来越少。

丁豆豆在打排球的时候脚掌骨折，自己在宿舍躺了一个多月，她并没有告诉刘子燃，因为刘子燃有一个重要的辩论赛要准备。

刘子燃在跨年晚会上喝到不省人事，错过了跟丁豆豆说“新年快乐”的时间。丁豆豆拿着手机等了一晚上。

再加上刘子燃的学业繁重，丁豆豆的实习不顺，渐渐拖垮了他们俩，两个人之间变得莫名有点艰难。

大四一整年，两个人只见了一面。对话框也从大段大段的情话变成了“在忙”“晚点回你”“晚安”“早安”。

于是，丁豆豆在刘子燃生日的前一天到了北京，订了蛋糕，准备了礼物。

生日那天，丁豆豆早早出现在了刘子燃的宿舍楼下，但是打了十几通电话，刘子燃都没有接。丁豆豆沮丧地坐在楼下，被刘子燃去水房打水的室友看到。

“他在市医院实习呢，最近都不回来住，医院给实习生安排了宿舍。你不知道吗？”

丁豆豆怎么会知道呢？别说是他的近况，连他的声音也很久没听到了。她去了医院，找到了他实习的科室。

“你怎么来了？”

"因为你生日。"

"豆豆对不起，我……"

"没事，蛋糕给你，和同事分了吧。我回去了。"

"豆豆。"

"我们分手吧。"

刘子燃没有说话。

丁豆豆说，或许这场马拉松，早就到了冲刺的尽头。

有些话，早一点说，晚一点说，他说还是我说，结局都是一样的。后来，时间不再装傻，把所有的无谓坚持都变成了泡沫。

曾经我们以为爱情可以填满人生的遗憾，后来才发现，制造更多遗憾的偏偏是爱情。慢慢大家就会发现，不能和喜欢的人在一起是人间常态，你我都不例外。

——

总有人说，"所爱隔山海，山海皆可平"，只有身在其中的人，才知道这究竟有多难。

"爱了那么多年，怎么就不爱了，怎么就分手了？"有人问豆豆。

"不是不爱了，是在那个当下，爱不下去了。"说这话的时候，豆豆已经泪流满面。

“我今天，不是去捣乱的，我见过他很多样子，唯独没有见过他穿上结婚礼服的样子。我就是想去看看，看看我那梦寐以求的场景。”

“豆豆，有一天我可以把你写进书里吗？”

“那你一定要告诉那些看你书的人，涉水而过，不代表你拥有这条河。”

前任到底是一种怎样的存在？

有人说，不能怪，因为你爱过。不能再爱，因为回不去。不能提，因为心有芥蒂，就像上辈子的事情一样，你不能对别人讲，也没有必要讲，就只能安安静静自己承受。回忆到美好的情景，会开心，会笑。回忆到不好的事情，会有点心疼。心里有一场海啸，但一个人静静地坐着，没有人知道。

但我仍旧认为，轰轰烈烈地爱过，总好过从未拥有。

去年初秋，豆豆结婚了。婚礼那天，她穿了平底鞋。

——

昨天收到一个姑娘发来的微信，说自己的前任突然发来添加好友的请求，她完全不知道怎么办，问我有没有什么建议。

我分不清她是喜是怒，一时没有回复。大概过了一个小时，她又发来一句话，说："姐姐，我还是决定不加他了。"

我想，这一个小时的时间对她来说一定特别漫长吧。

我赞同她的做法，因为打破许久不联系的状态很容易，但是要打破一段不曾互相参与的日子中间的隔阂，要忘记过去带给彼此的伤害和难过，太难了。

为什么分开了很久的人，会回过头来重新联系前任？

总有女孩更愿意相信，是他忘不了自己，是他还爱自己。但我说句让你难受的话，比起终于悔悟不想失去你，更大的可能性，是他再没有遇到比你更好的女孩，如果遇到了，他不会想起你是谁。

"请求添加你为好友"意味着什么？

绝不仅仅是你的好友列表里多了一个联系人而已，而是代表着你们的生活又将重新有了交集。看似"多年未见，我对你仍有惦念"的寒暄，背后隐藏的其实是小心翼翼的试探。

我特别不喜欢这种"回头"。

当初能选择分开，一定是这份感情已经让两个人觉得负累，两人都觉得分手以后会过得更好。那又为何在许久之后再次出现，搅乱对方好不容易平静下来的生活呢？ 而你，又为什么好了伤疤忘了疼，天真地以为还可以再试试呢？

事过才后悔，失去再珍惜，似乎是人类的通病。

拥有的时候只当作平常，失去后才知道后悔莫及，想要拼尽全力去挽回，可惜早就已经过了感情的保鲜期。

记得之前网上流行过一句话：我们去复合，去重蹈覆辙，去互相折磨。

但我更喜欢另一句话：算了吧，那段痛不欲生的日子，我好不容易熬过来的。所以千万拜托你，别再来打扰我了。

放下一个人是种什么感受？

有那么一瞬间，你清楚地感知到心里某个卡扣“咔嚓”一下断开了，即使心里还有不舍，内心却有一个声音清晰地告诉自己“真的只能到此为止了”。

我挺喜欢你的，但这事过去了。

你应该过得更好，比跟前任在一起的时候还要好。

不如就把这个添加好友的请求，当成是对方一次手滑的失误操作吧，又或者诚实点，“我是真的不想再加回来了”，都好。

不管是你收到了前任添加好友的请求，还是你有那么一瞬想要同意请求，以此来窥探他的生活，我都希望你能冷静下来，好好想想，他真的那么重要吗？你真的放不下吗？你走过的路，即便山高水长，其实都不必再与他讲。

电影总是太仁慈，让破镜重圆，让旧梦重温，让走失的人再相遇，让没爱够的人继续爱。我想，正是因为现实中无法实现的东西出现在电影里，我们才会为之流泪的吧。

回忆和遗憾总会被时间冲淡，逝去的人和事终究会成为回忆里的点缀，再惊不起一丝波澜。

我曾热切而无畏地爱过你，我曾赤诚而天真地爱过你，我曾绝望而期待地爱过你，但是一切都已经成为过去。没有人会永远留在原地等一个人，也没有人会频频回头去看已经模糊的风景。

或许我对你仍有爱意，但我已经不想和你在一起了。

——

在网上看到过一个特别火的帖子：为了报复前任，你都做过哪些事情？

翻了翻留言，还真是让人哭笑不得。

我朋友 Ada，就是一个现实版《匆匆那年》里的方茴。

Ada 和初恋男友在一起七年，眼看着到了第八年，男友和公司老总的女儿谈起了恋爱，是的，Ada 被劈腿了。从前和 Ada 在一起的时候，男友总是说等自己晋升到部门经理后就结婚，可和白富美认识不到三个月就宣布订婚了，也对，估计这一结，何止是经理的职位。

Ada 把自己关在家一个星期，随后马上答应了身边一个男生的追求，条件是要尽快结婚。我们当时知道后都劝她，才认识这么短时间，彼此都不了解，不要这么冲动就做决定，但她完全听不进去。

你以为她为了什么，不过就是为了给前任寄去一张请帖。她到底有没有报复到前任，我们无从得知，但两年后的今天，我们听说 Ada 正在跟老公打离婚官司，争孩子的抚养权。

为了享受那一点报复的快感，她就这么轻易地把自己下半生的幸福交给了一个不怎么了解的人。

傻吗？真的很傻。

报复前任的各种方式里，最傻的一招，大概就是伤害自己了。杀敌一千，自损八百。有些东西已经丢了，就别再让自己不快乐了。

当你兴高采烈地穿着新鞋出门，可一出门口就踩到了泥巴，你想让那块泥巴毁了你一天的好心情，还是去把它蹭掉，继续走你的路呢？

抓着那一点不甘心不放，砍向别人的剑，最后都插在了自己身上。

恋爱时，他是天下独一份；分手时，恨不得除之而后快。

反反复复地纠缠，让对方疲于应付，也花费了自己大好的时间，真的有必要，有意义吗？报复完一时爽，可爽完之后呢？你扪心自问，真的就高兴了？释怀了？放下了？

我不是劝你宽容，我只是觉得因为折腾前任而浪费自己现在和以后的时间，真的不值得。

如果只是让前任鸡飞狗跳倒也罢了，万一哪天走上极端，做出一些无法挽回的事情，一是会让自己心理变得更加扭曲，二是你根本没办法去收拾这烂摊子。

本是为了惩罚前任，最后变成了惩罚自己，太亏了。

是新欢不够好？偶像不够帅？还是逛街不够嗨？非要每天揪着一个旧人不放，何苦呢？

前任会不会想念你这件事，其实很大程度上来说，根本不是你能决定的，而是取决于他在离开你之后的人生过得如何。

如果说，他跟你分手之后遇到的女孩子，各方面都比你好，那么不好意思，即使你再优秀，他可能也不大想得起你。但如果后来遇见的人有不如你的地方，不管是性格、颜值还是出身，他都会怀念你一下。又或是，之前跟你在一起的时候很顺，分开之后栽了，过苦日子了，也会想念你。

别想啦，试图引起前任注意，让对方后悔，都是挺傻的事。

因为当你不再参与到对方人生的时候，悲欢都不因你而起，你只是对方生活片刻里闪现的纪念品，你并不能左右自己的出现和停留，一切毫无意义，不如向前看。

既然是前任，就让他留在过往的时间里。

报复他干吗？不管当初是因为什么，至少在你们决定分开的那一刹那，彼此都觉得没了对方自己会更好。一别两宽，别为难自己。

一生很长，把那块硌脚的石头踢掉，没必要在原地自怨自艾。

一生又很短，短到爱一个人的时间都不够，何谈去恨一个人？

02

作为女孩子，要不要选择自己买房？

—

不管是赚钱还是买房，最终我们想要的都是好好生活

—

买房不一定是所有人的必修课。

若有能力，就为自己置办一个家，它能带给你的，远比你想象的更多。

若还未能得偿所愿，那就加把劲儿去获得有一天可以达到目标的能力。

你现在可以没有属于自己的房，但你不能没有买房的意识。

不管是赚钱还是买房，最终我们想要的都是好好生活。

—

2020年的新冠肺炎疫情让我们每个人都当了一把“肥宅”。

不少人已经开始盘算，等到疫情过去后，自己到底要做点什么？先吃一顿海底捞，还是喝一杯星巴克？先买一杯喜茶，还是先点一碗牛奶芋圆？是先去酒吧放飞一下自我，还是冲进药店囤点口罩以备不时之需。

但我的朋友妙可却说：疫情结束后，我一定要买房！

妙可是一位旅行博主。

她曾说，出于对自己职业的尊重，绝不买房。在她看来，房子是拿来住的，在哪里都一样，租房过日子也挺好的，没必要买房，剩下的钱拿来吃喝玩乐就好。

如今她却说：“在尊重职业之前，我要先尊重自己。”听听，女人改口多快。

“你的梦想不是用赚来的钱全世界到处玩吗？”

妙可脸一拉，瞪我一眼说：“小孩子才有梦想，成年人只想买套房。”

改变妙可想法的是两件事。

疫情期间，遵纪守法的妙可一直宅在家。虽说房子与人合租已有三年了，但由于职业的原因，妙可大部分的时间都是在各地间飞来飞去，经常是回来收拾点衣物又出门。

她第一次这么长时间待在家，才发现处处不方便。

原来厨房的插座早就坏了，想要煮饭只能把电磁炉搬进卧室，用卧室的插座；另一位合租女孩的男朋友疫情期间也住在这里，男孩是做游戏主播的，每天在客厅通宵连麦打游戏，卧室里的妙可被吵得快要神经衰弱了，并且跟男孩沟通了很多次都无果；那个容量又小又老旧的热水器，在另一个女孩洗完澡后，妙可还要等加热很久才能洗；妙可在半个月一次去超市采买的路上，收留了一只流浪猫，房东便以此为理由涨了房租……

在第 N 个被吵得睡不着的夜晚，失眠带来的暴躁让妙可冲到客厅，用不客气的语气跟那个男孩吵了起来。寡不敌众，合租的那个女孩自然是要帮自己男朋友说话的。

在整场争吵中，妙可只记住了一句话，那就是：“你要真怕被打扰，就别租房，有能耐你搬出去！”

这句话在妙可的脑子里嗡嗡地回响，她裹上外套，戴好口罩，抓起包包就出了门。半个钟头后，站在街上吹了冷风的妙可有点后悔了。毕竟这么冲动跑出来，根本没想好去哪里，疫情期间酒店不接收新客源，这么晚去朋友家很是唐突。最后，妙可不得不回到出租屋。

看着灰溜溜钻进卧室的妙可，那对情侣似笑非笑的表情仿佛在说：“不还是得回来。”

躺在床上的妙可环顾四周，书架是打折时候买的，靠枕是精心挑选的，五斗橱是自己组装的，照片墙上满是自己工作的留念，可是这一刻，妙可觉得这些都不属于自己。

受限的空间、被打乱的作息，这些在以往没有被注意到的事，在这一次集体向妙可扑来。小猫过来蹭了蹭妙可，“哦对了，还有你呢，下次走我一定带着你。”妙可挠了挠小猫的头。

一套属于自己的房子，不仅仅是水泥堆砌的一个小小空间，它意味着安全感和尊严。

——

疫情期间发生的这件事让妙可动了买房子的心思，但真正让她下决心买房的，是第二件事。

妙可谈了一个很不错的男朋友，男朋友是个美术老师，休假的时候就会陪着妙可满世界转。

妙可决定把自己租的房子退掉，跟男友同居。我认真地劝过她再好好想想，“婚前同居确实可以更了解对方，但是别这么着急，我建议你先保留着自己的房子，周末一起做做饭、看看投影其实也蛮好的。”

“那不是浪费钱嘛，水、电、煤气和供暖都要交两份，太不划算了。既然相爱，何不住在一起，既能贴近彼此，又能省钱呢。”

反正妙可没有将我的建议听进去，利索地退了房子，省下每月几千的房租，旅行的次数也因此变多了。每次看她上传的新视频，那些山河美景配上她和男朋友的笑脸，我是真的为她高兴。

但这份高兴截止到上个月。有天晚上我接到了妙可的电话，电话那头她声泪俱下地抱怨跟男友吵架，结果气头上来在家里摔东西，被男友赶了出来，现在一个人坐在家楼下的咖啡店里掉眼泪。她在电话那头边哭边跟我说：“我没想到自己会被他赶出来，我不过是摔了他的调色盘而已啊，现在也没有地方去，身份证没有带出来。”

我又急又气，想训她几句，没忍心，于是挂断电话去接她。

一路上我们没怎么交谈，到家后我给她倒了杯热牛奶，放了热水让她洗澡。看她泡在浴缸里，情绪平缓下来，我倚在卫生间的门上跟她说话。

“你在我这儿先住一阵，过阵子我再陪你找房子。”

“又麻烦你一次。”

“谈不上麻烦，只是你现在明白了吗，爱情是脆弱易变的东西，你要给自己留有退路才行。”

妙可泣不成声，不再说话。两次都是与人吵架，两次都是吹了冷风，这让妙可暗下决心，一定要买一套属于自己的房子。

你的房子就是你独立自主的价值，独居不是让你保持单身，而是让你拥有随时单身的权利。

《一间自己的房间》这本书中就提到过这样一个观点，独立女性应该有属于自己的闲暇时间，有一笔由她自己支配的钱，以及一个属于她自己的房间，唯有如此才能真正“成为自己”。

我曾经也是“城市游牧民族”的一员。

两年搬了 4 次家，每一次搬家，都是对体力、智力和内心承受力的暴击。

比如打包时的无助，打完包发现还有一个抽屉的东西忘记收；举着箱子爬楼时觉得自己宛若超人，箱子突然破掉东西撒了一地；两个书包，一个朝前背，一个冲后背；左右手各一个大行李箱，右边行李箱的轱辘还有一个转不利索……

我是那种后知后觉的女孩，那时候我对生活和未来可以说是没企图心。虽然每次搬家都是合租，要和人共享天花板，但也是有个家了。

租房期间，我还在宜家买了一盏很好看的布艺落地灯，又在网上淘来一幅油画。

我第一次对房子感到不安，就是合租的姐姐定了婚期准备搬走了。房东说给我两个选择，要么我也打包搬走，要么我就租下整套房子，至于我会不会转租另一间房，他不干涉。

我看了看银行卡上的余额，决定另找房子。

我以前从没想过我会因为房子而没有安全感。

不知道是否有很多人会有和我一样的感受：年轻时愤世嫉俗，对金钱嗤之以鼻。但到一定的年纪，遇到一些事后，就真的会因为没有房子而感到恐慌。

那时候我开始明白，买房和高考一样，是我人生路上不得不面对的事。想跑？没门！

2015 年的元旦，我结束了多年的租房生涯，搬进了真正属于我的房子。

没有亲人朋友来祝贺的热闹场面，只有我自己端着一口新锅，旁边跟着狗狗。听说在锅里放上大米和橘子更吉利，我又跑下楼买了 6 个橘子放在里面。我在沙发上躺了许久，环顾这个还有很多东西需要添置的家。我心里像是有什么东西，突然就落了地。感觉整个人变得踏实、不慌、不怂、不打怵。

后来有人问我："你有没有觉得买房是一件很酷、很了不起的事情呢？"

"并没有，我只是不必在去卫生间的时候，担心里面有人；不必在夏天因为穿睡衣在客厅走动而觉得难为情；不必顾虑打扰到别人而整日把狗狗关在一个房间里。我更自由了。"

"那你买房的勇气是从哪儿来的？"

"买房需要勇气吗？买房需要的是钱。"

—

我在《你的美貌不敌你的热闹》那本书中写过的蓁子，那个婚后当着少奶奶，享受优渥生活的学霸校花，她在婚前就在青岛给自己买了一套房。

有人不解，认为她老公家里条件很好，房产更是不少，为什么她一个女孩子还要在结婚前自己买一套？

蓁子却不这么想，她说："我老公家里的房子再多，那也是他的婚前财产，跟我没有关系。他的房子我们确实共同使用，却始终不是共同拥有。我不要求他在房产证上加上我的名字，但我要求自己拥有一套属于自己的房子。"

接着她开玩笑说：“万一哪天婆家欺负我，家世、学历和颜值似乎都使不上劲儿的时候，我至少还有把房本往地下一砸的底气。”

蓁子和她老公是我朋友圈里少数婚后仍然甜蜜不减的夫妻。即便是这样，蓁子仍然有自己的小算盘。

这没错，也谈不上什么世俗不世俗，为自己多打算一点，天经地义。

《2020年女性置业报告》显示，在置业计划方面，81.7%的女性受访者计划在5年内购房，六成30岁以上的女性计划买二套房。而在资金来源方面，四成女性计划独立买房，在购房安家这件事上，现代女性更有主见。买房决策权掌握在自己手中，在选房考量中，交通环境占据女性选房的主导因素。

随着独立生活欲望的加强和经济实力的积累，多数女性都有了买房计划。越来越多的女性认为，买房不仅是一种投资，也是为自己的未来加上一道安全锁，给自己一份保障和底气。

买房后，女性不必为了找个栖息之所而结婚，不必害怕失去容身之处而不去摆脱痛苦的婚姻。或许有天爱会走，人会散，但是房子，风雨不动，永远在那里等你。

—

伍尔夫曾经说过：女人的独立是从拥有自己的房间开始的。

我喜欢的青年作家杨熹文也曾说过一段话：“劝诫姑娘们有能力的时候，一定要买房，一个能够自我撒欢的房间，一间属于自己的书房，一个可以无拘无束的空间 。但凡极致想买房的姑娘，一定是不求依赖他人的姑娘，不知是否聪明，但绝对活得明白。”

很多人并不是不知道一套属于自己的房子有多重要，但就是下不了决心买。全款买？感觉自己被掏空。贷款买？背了债，还房贷，生活质量必然无法保证。

我也有过这段心理斗争，攒钱太辛苦，平时要花钱的地方那么多，放弃哪个都有点不舒服。但我还是想说，当你拥有自己的房子时，不管这一天多疲惫，即便是遇到暴躁的老板、“甩锅”的同事、无礼的卖菜阿姨，你站在楼下，看到那么多的窗口里映出的灯光，你知道其中有一盏是属于自己的，爸妈就在那里，你养的猫猫狗狗就在那里，你的恋人就在那里，厨房里的煲锅“咕噜咕噜”地响着，排骨汤的香气即使关上门也藏不住。“咔嗒”一声推开门，就有人笑着对你说：“回来啦，洗手吃饭。”一想到这些，你就会忘掉今天遭受到的恶意，原谅这世界的不美好，心里就会格外踏实。

在心里对自己的经济能力做一定的评估，如果你有能力付首付，每月还贷也没有太大压力，那么你真的可以考虑给自己买房。

但没有人会喜欢因为要月月还贷，买一件漂亮裙子都要犹犹豫豫直到它下架。不能让买房成为你压缩生活质量的理由，要在自己能力承受范围之内，选择合适的房子，不要让买房成为你不快乐的原因。

如果你的父母有经济实力能帮你一把，其实也未尝不可。

接受家里的帮助，要懂得感恩和回报。“父母就应该给我置业”的想法，最好不要有。一切因为爱你，而非理所应当，更不可把这种付出当作无可厚非。

买房不一定是所有人的必修课，若有能力，就为自己添置一个家。它能带给你的，远比你想象的更多。若还未能得偿所愿，那就加把劲儿去获得有一天可以达到目标的能力。

不管是赚钱还是买房，最终我们想要的都是好好生活。

人生大事，人间冷暖，许多都跟房子有关。

你现在可以没有属于自己的房，但你不能没有买房的意识。

2015 年的元旦，上午 9 点，

我牵着卡卡，端着一口新锅，搬进了属于自己的家，

彻底结束了与人共享天花板的合租生涯。

听说在锅里放大米和橘子更吉利，于是我又跑下楼买了 6 个橘子。

有人问我：你买房的勇气是从哪儿来的？

买房需要勇气吗？买房需要的是钱。

03

我们真的比同龄人过得差吗？

—

每个人的花期不同，不必焦虑有人比你提前拥有

—

人跟人的生活节奏不一样。

有人 3 分钟泡面，有人 3 小时煲汤，

有人的外卖已送达，有人刚切好蒜薹和肉。

烧烤摊上最快的菜是拍黄瓜，有些包子第一口咬不到肉。

你选择了你要的方式，就坚定下去，别胡思乱想。

每个人的花期不同，不必焦虑有人比你提前拥有。

—

很多人对于年龄都挺敏感的。

比起不想被人知道自己年纪几何，更担心的是别人觉得自己所取得的成就、拥有的物质配不上自己的年龄，或者说，配不上这个年龄段的人应该有的水平。

也难怪，谁叫现在的年轻人越来越厉害了呢。

“95后”创业成功，“00后”月入过万……媒体平台不断地用数据刷新我们的认知。从前我们认为要奋斗个至少10年才能达到的目标，有人竟然比你提前许多完成了。

有两件事让我深深感受到同龄人带给我的危机感。

一件是在大学时期。

隔壁宿舍有个女孩英语成绩很好，听读写皆优秀。我和她同一天去老师办公室做值日。那天老师的电脑里正放着一段英文，老师问：“听懂在讲什么了吗？”我心虚地摆弄手里的扫帚，那个女孩说：“讲的是达·芬奇年少时期的事。”老师转过头看了看我，我尴尬地说：“有些词没听出来，大概意思听懂了。”

其实呀，哪里是听懂了大概的意思，我是全程没听明白。可能是太紧张，耳朵自动丧失功能，可能是我当时的英语真的很差。

那种感觉直到今天再想起，还是会觉得羞愧。但凡有点自尊心和自信心的人，都会感受到被打击的落差和苦涩。

这件事让我难过了好一阵，同样的年纪，同样的专业，同样的老师在教，可我们的英语水平相差的不是一星半点。

另一件是近两年我感受到的。

在一次图书交流会上，我见到了自己关注已久的一位青年作家。微博 50 万的粉丝，公众号接广告接到手软，不仅如此，她还是各大出版商想要合作的作者。会场后台，我找机会和她打招呼，闲聊几句后才知道，她年纪比我小三岁。

回到家打开微博看看自己四位数的粉丝量，深吸一口气，你说这怎么可能没有挫败感和自卑感呢？

——

好，现实生活够让人喘不过气了，不如网上冲浪放松一下。可你会发现，这不看还好，看了才发现同龄人的人生好像都开了二倍速：

小红书上有人 20 岁买下 Loft（一种户型），25 岁喜提新车，而我们可能还在还贷款；Keep（一款健身 APP）里有人自律到一天两个苹果，顿顿水煮菜，而我是名副其实的“干饭人”；微博上有人年度业绩第一，而我正在翻明星们最新的八卦；抖音里有人周游世界，看山川湖海，而我周末宅家刷剧睡觉；朋友圈里有人装修婚房，升级成为爸妈，而我在考虑是养只柯基还是边牧呢……

想来是有点惨吧，我扎根在一层又一层，比我厉害比我强，月收入是我的好几倍的人中间，如果我说我看到别人年薪百万一点不心动，看到别人成为百万博主一点不憧憬，看到有人顺利拿到录取通知出国深造一点不羡慕，那我一定是骗你的。面对优秀的同龄人，我也会焦虑。

难道没有跟同龄人搬进同一个高档小区，就是我们不努力吗？

我觉得不是的。

就像那个英语比我优秀很多的同学，如今回望当时，才发现那时候的我仅仅看到“我们年纪一样大”这件事，却没想过她 7 岁随家人到国外生活了将近 10 年，她对英剧、美剧极感兴趣，对英语的热情远胜于我。

还有那个比我还要小几岁，却已经在自媒体占有一席之地的女孩，她在自媒体刚刚有苗头的 2015 年就抓住了机会，利用课余时间打理自己的公众号，凭借自己突出的文笔收获了成绩。而那时候的我，刚刚得到来之不易的电视台实习机会，每天都在为能学习到新的东西而开心不已。我和她，在不同的方向、不同的领域，做着各自认为有价值的事。

——

再聊聊我朋友吧。

我的一个好友，在北京一家颇具规模的企业工作。去年一月我去北京出差，在她那里小住三天才发现，她何止是忙，可以说是非常拼命了。

晚上加班到十一点以后是常事，回到家后吃些简餐，然后一边泡脚还要一边改 PPT，睡前还要做第二天的工作计划。快凌晨一点的时候，我看客厅的灯还亮着，便催促她快点睡，有什么事明天再忙。但她却说："不行呀，我还要再工作一会儿，把今天的会议内容再看一遍。"

她什么时候躺下休息的我不知道，我只知道第二天早上七点我醒来的时候，她正叼着一块面包，匆匆忙忙穿上鞋子，准备出门。接着再重复同样强度的工作。

可是你知道她一个月挣多少工资吗？

在北京，税前 8000 元，扣掉五险一金、房租水电，她能落下的也就不到 4000 元，这还没算上伙食费、社交费、购买生活用品和添置衣物的费用。

在我看来，她真的很棒，对自己有规划有要求，对工作积极又认真，可是如果用媒体放出的数据来评估，她也不能幸免成为被同龄人抛弃的那拨人。

我能感觉到，她在说起和她同一年进入公司的同事已经独立完成了一个项目时，说起比她小一岁的同事昨天发了婚礼请柬时，说起另一个部门的同事去年年底贷款买了一套小户型的房子时，她也在焦虑。

——

像我这位同学一样用尽全力生活的人，不是少数，可是我们都无法避免一件事，那就是在我们对自己生活幸福指数的判断标准里，有非常大的一部分来自自己与别人的比较。

比如：别人买房了，自己没有；别人住洋房，自己只有 70 多平方米的公寓；同龄人在职场里风生水起，而自己事业瓶颈期长达 2 年；甚至别人家的孩子考了第一名，而自己家孩子成绩中等，也会觉得不幸福……

我们对于幸福的太多标准，都是被别人塑造的，而一旦升起“比较心”，就会痛苦、焦虑、自我怀疑。

有人说，痛苦的本质是“现实”和“期望”的落差。当现实的情况匹配不上我们内心的期望时，我们就会产生痛苦的感觉，而痛苦的感觉会摧毁我们的幸福。

不得不承认，这世上一定存在一些人，刚刚毕业就能自主创业成功，月入 10 万，他们年纪轻轻就实现了我们想要的一切，早早走上了金光闪闪的康庄大道。但这些，毕竟真的只是少数。

大多数的我们，都是那种放在人堆里都找不出来的。普通人眼界阅历都有限，但我们也在各自的领域内尽情施展着自己的才华。

金钱和地位的确是代表一个人成功与否最直接的标志，但是，恕我不能接受那种如果没有月入多少就全盘否定一个人的努力的观点。

所谓同龄人，可能除了“年龄相近”之外，再无更多共同点，每个人的见识、经历、家世、资源、天赋、选择、能力等方面，都天差地别，根本不具备可比性。

用一个量化的数字去绑架别人，盲目为他人的生活做评估打分，真的有待商榷。

每个人在不同阶段都可能感到焦虑，它无法被消除，却可以被管理和转化。

——

“人生赢家”这个概念火了很多年。但是什么才叫作赢，真的很难解释清楚。

是所谓套现 15 亿的“80 后”？是手握四套房的“90 后”？还是做博主后粉丝百万的“00 后”？在我看来，这些极端的个例并不能说明什么。

此前，“80 后摩拜创始人套现 15 亿”的新闻连登多天微博热搜。确实我们不能否认胡玮炜创业成功了，她通过自己的努力奋斗，收获了同龄人不能想象的名声和金钱。

我们可以佩服她有能力、有魄力、有胆识，但同时，也不能忽略了背后的运气和巧合。

可以去查查中国创业的成功率与失败率，以及企业的平均寿命。你说，那些创业未能成功的人，能说他们不够努力、不懂得拼命吗？

不是的，而是创业这件事本来就存在“幸存者偏差”，需要眼光、机遇、决策、能力融合在一起，没有什么绝对成功的秘诀可言，不是熬到凌晨四点、不吃不喝、头发掉光就能成功的。

总是有人喜欢利用这种“幸存者偏差”来洒毒鸡汤，制造焦虑，什么“00 后”已经身价过亿、年薪百万是一种什么体验、从月薪 2000 到月入 5 万他只花了半年时间、从零收入全职妈妈到年薪百万女强人她只做了一件事……

偏偏，吃这一套的人还不少。

说白了，这种焦虑不仅有毒，而且很蠢。还记得那句话吗，人做得最蠢的一件事，就是拿别人的成功来否定和抹杀自己。

那些光鲜亮丽的同龄人，也许跑得很快，也许跳得很高，即便他们年纪轻轻就已经实现我们梦寐以求的一切，但只要每一天你都还在为自己努力着，你就真的一点也不差。

有时候，抛弃你的不是同龄人，而是“毒鸡汤”。

不知道你有没有发现，那些被“套现15亿的同龄人”搞得焦虑无比，一边转发朋友圈一边感慨自己是失败者，看着工资条和房价眉头紧皱、翻来覆去睡不着的人，往往第二天醒来就重新原谅了自己，没有任何改变，励志的鸡汤在他的胃里只是短暂停留，没有带来任何营养，只能等待着下一场“同龄人”的抛弃和暴击。

其实什么都没有变，只是徒增了自己一时片刻的烦恼罢了。

——

某综艺节目新一季里有一期辩题很有意思：

同龄人比自己过得好，该不该玩命追？

如果真的想追，那也应该是为了自己能在某段时间内取得一些成绩，而不是为了别人而玩丢了自己。像我前面写过的，“同龄人”三个字本身就是用年纪来圈定的，可是在很多事情上，我们根本不能，也不需要用年龄来套牢自己。

价值观和判断标准从来就不是单一的，只默许一种价值观和一种声音的出现，是不对的。

如果你真的不甘心，非要比一比，那么同龄人都结婚了，你是不是也要结婚；同龄人都买房了，你是不是也要买房；同龄人都年薪百万了，你是不是也要年薪百万？就算你终于玩命追上了同龄人，也不一定会觉得更幸福，因为婚姻是人家向往的，你真的也同样向往吗？或许你更享受一个人的自由。房子是人家的梦想，你的梦想是什么？或许你的梦想是背上轻便的行囊，去看看远方的人与诗。

为了自己喜欢的事去努力，为了自己的向往而铆足了劲，和志同道合的人做朋友，和自己经济水平差不多的人吃喝玩乐，和三观一致的人谈天说地，这些难道不比跟同龄人较劲更有意义吗？

——

至于过得好不好这事，其实带有很强的主观情绪。

如果狭隘地用金钱来衡量自己过得好不好，那么过得好不好则会变成无底洞，要无止境地追下去。这里，没有质疑努力向上的意思，而是在努力向上的同时，我们要停下来问问自己，我到底想要什么，想过怎样的生活。

另外有一点要提醒的，就是永远都有过得比你好的人，追不完的！

世界上总有比你过得好的人，也有相比不如你的人，这很平常。面对比你好的不卑不亢，对待没你好的多一点体谅，赢得别人的尊重的前提是尊重自己的现状。

那还要不要进步了？

当然要！但你努力的目标不该是别人，不该是为了用努力稀释焦虑，而是为了自己，为了超过昨天的自己。

——

每个人之间都有时差，但没有快慢之分。

有的人 22 岁结婚，25 岁离婚；有的人 25 岁找到工作，28 岁成了副总经理；有的人 28 岁第一次出国，有的人 35 岁定居国外；有的人 40 岁依然单身，有的人 50 岁才碰到真爱；有的人 60 岁去世，有的人 70 岁还在环游世界；而有的人，16 岁就碰到这一辈子非他不嫁的人。

你在自己的时区里，你没有迟到，也没有早退，你有你的步伐，别人有别人的行程，他没有走在你前面，你也没有走在别人后面。

命运给的礼物和灾难，一点不会少，你该走的弯路，一米不会少，你不必着急，一切都会准时发生。

我们能做的，是抓住当下每一分属于自己的时间，编织经历的密度，好好地、踏踏实实地让自己变成一个丰富的人。你不需要与其他同龄人进行过多的横向比较，每个人的生活都只是一种“可能性”，就我们自己而言，重要的是关于自我的深度发展。

不要轻易因为羡慕别人而陷入焦虑，不为某些单一且功利的衡量标准质疑自己。

我们普通人，可能终其一生都走不上星光璀璨的大道，但我们兢兢业业地工作，认认真真地生活，就没有被任何人抛弃。

我们只是以自己力所能及的方式去过属于每个人不同的一生。

和过去的自己相比有没有进步，是不是已经越来越靠近那个“自己想成为的人”。这就是我们每时每刻努力的价值和意义所在。

04

原生家庭对一个人到底有怎样的影响？

—

只有体会过爱的人，才有勇气相信爱

—

你讨厌父亲的平庸，却不知道他也曾是个怀揣梦想的少年。

你嫌弃母亲的唠叨，却不记得她也曾是个对镜贴花黄的姑娘。

你是第一次当孩子，他们也是第一次当父母。

世界上没有那么多极端可恶或者完美无缺的父母，

他们也只是有着各种缺点的普通人而已。

不必总是去想“原生家庭欠了我什么”，

恰恰是原生家庭帮助我们看清自己，修补自己，而非用来怨恨。

毕竟，我们终其一生，都要为自己负责。

—

人的一生中有两个家：一个是我们从小长大的家，有爸爸妈妈，也许还有兄弟姐妹；另一个是我们长大以后，自己结婚成家的那个家。我们把第一个家叫作原生家庭。

最近几年，关于原生家庭的讨论从来都没有停止过，从国内外心理学书籍，到家庭关系讲座，再到影视综艺节目，都对原生家庭对个人的影响有一定的探讨。

不知道你们有没有觉得，“原生家庭”这四个字，说出来就似乎天生带着疼痛感。

我之前看过一项针对原生家庭创伤的覆盖率和类型方式的调查。该调查显示，在18—29岁年龄段的人群里，有82%的人表示曾经遭受过家庭创伤，且大多数源于父母，只有18%的人认为自己的成长过程是非常快乐的。

可见，来自家庭的创伤是很普遍的现象。相比较大家都知道的那句“幸运的人用童年治愈一生，不幸的人用一生治愈童年”，我更赞成“人花一生的时间来整理童年”。

—

我曾经收到一位读者107条微信留言，你没看错，是107条。

在这 107 条留言里，她主要说了两件事。

第一件事，是重男轻女的家庭观念，这让她敏感且自卑。比她小两岁的弟弟每年都可以换最新款的手机，而已经高中毕业的她还没有一部属于自己的手机。用来给我发微信的手机，是向弟弟借来的。所以这就不奇怪，为什么在发完这 107 条后，她没有等我的回复就删除了我，因为她不想被家人发现。

她家境平平，父亲在外打工，很少过问家里的事，偶尔回来，和她的母亲也是争吵不断。母亲易怒且偏袒弟弟，对她从无半点关心。

在学习方面，父母对她也只会采取高压的管教方式，动辄打骂，也不欢迎她带同学来家里做客。所以，她没有朋友。

她成绩很好，却极少得到父母的认可和老师的表扬。班级活动，她从来都是小透明。同学们讨论的话题，她经常插不上嘴，偶尔说几句，大家也根本注意不到她。女孩子们在一起聊明星的八卦，她不知道；聊综艺，她没看过；说起哪里的风景，可她连省都没出过。

从家里到学校，她每一天都活得小心翼翼、战战兢兢。

她不知道该跟谁诉说困惑，也没有人愿意花时间来听。更多的时候，她只能一个人躲在房间里偷偷地哭，为自己的笨拙、自卑、敏感，也为自己的出身。

物质上的问题，只要你愿意，通过时间和努力终会改善；可精神上的匮乏，却不是几句“一切都会过去的”“加油”“你是最棒的”就能轻飘飘拂去的。

第二件事，是17岁的她第一次有了喜欢的男孩子。

但她从不跟他说话，甚至连眼神交集都没有。她的喜欢，是上课的时候偷偷用余光看他，是绕很远的路假装从他身边偶然经过，是在废弃作业本的最后一页，一遍遍地写男孩子的名字。

她说：“姐姐，我喜欢他，但我觉得他不会喜欢我。等我长大了，我也不想结婚。”

在父母吵架中成长起来的孩子，往往会对爱情和婚姻缺乏信心。得不到关注和关心的孩子，往往也不会表达爱。

他们把一切亲密关系拒之门外，哪怕遇到喜欢的人，一想到家庭和父母，也会默默告诉自己“算了吧”，明明年纪不大，却失去了爱别人的能力。

原生家庭对一个人爱情观最大的影响就是，只有体会过爱的人，才有勇气相信爱。

——

有人问我：特特，你的家庭带给你最大的影响是什么？

于是我第一次思考了这个问题，那就是，我并不想生育下一代。

我的父母是传统的中国式父母，他们勤勤恳恳工作，重视教育，把一生奉献给孩子。也正因如此，从小资质一般的我被寄予厚望。

独立，是父母从小到大对我的教育里始终贯穿的点。

他们常说，不能因为自己是女孩子，就有依靠他人的想法，要有自己的能力、事业和圈子。他们总是告诉我，想要什么，就自己去争取，争取不来，说明你还不够优秀。

这背后或许恰恰也是因为他们能给予我的是有限的，额外的我想要的只能自己去赚。

当有一天我突然发现，那些没有承接完成父母梦想这一任务的女孩子活得不辛苦也不焦虑时，我心里像是被人用锤重重地砸了一下，“咣当”那声回响久久不散，砸得我生疼。

我的父母爱我，但同时也强加给我一些他们自己都无法意识到的东西。未完成的心愿，未竟的梦想，未享受的风景，他们希望我能代替他们实现，于是我要不断地做得好，做得更好，提交高分考卷，比同龄人更早取得成就，才能填平父母心里的人生遗憾。

我不想自己有一天成为这样的父母，更不想我的孩子要重蹈覆辙，承担替我继续人生闯关的任务。

有人评价我的不婚不孕是因为自私，因为不愿意放弃目前自由自在的生活，实际上恰恰相反。

我并不惧怕解锁新身份，而是新身份背后要承担的东西，我目前还无法做出估量。

生命需要慎重对待，做父母不需要考试，但要能肩负起责任。正因为我想对生命负责，才不想做那个60分的家长，更不想让我的孩子承受因此而带来的苦痛，才会要慎重迈出那一步。

一提起原生家庭对人的影响，很多人首先想到的就是家里有钱没钱。

对于家庭发展来说，钱固然重要，可比经济条件更重要的，是健康的家庭观念，是为人处事的方式、认识世界的途径，以及对待世界的态度。诚然，金钱确实会起到一些作用，但比金钱更重要的，是在每一天每一秒每一个细节里家长的言传身教。

——

这几年，原生家庭的概念和影响逐渐被大众所熟知，也不可避免地成了很多人生活不顺、心理不健康的背锅侠。

内心自卑的，说是从小没有从父母那里得到过认可；性格敏感的，怪父母对自己的关爱太少；骄傲自大的，怨父母疏于管教；金钱崇拜的，说自己是穷人家孩子出身……

我曾留意过，无论是在身边还是在网上，喜欢讨论“原生家庭”这一问题的，大多是 17 岁到 30 岁之间的人。

年纪再小一些，根本还没意识到原生家庭的问题，再成熟一些，人生方向已定型，再多讨论也无益。而 17 岁到 30 岁，恰好是大多数人的自我认知、自我检视、自我思考以及自我怀疑的时期。

我们都开始发现自己的缺点和短板，发现自己铆足了劲，可能也无法成为小时候作文里想要成为的那种很优秀的大人。

父母对子女的宽容、理解和尊重会变成盾牌、肌肉和能量，足以让子女在日后的风雨人生中步伐稳健、底气十足。

相反，父母的刻薄、诋毁和冷漠会变成一种情绪绑架，像牢笼和黑洞，足以摧毁一个人本该光明的人生。

如果你用游泳来评判一只鸟的能力，那么这只鸟一生都会相信：自己是一个蠢货。

什么样的家庭才能养出人格健全的孩子，从来就没有标准答案。

但看了很多关于原生家庭问题引发的案例之后，我深深地觉得，三观端正、情绪稳定、人格健全的父母，他们的孩子在心智、情绪、人际、感情等方面才会有良好的走向。这其中一定少不了爱、理解、沟通和引导。

不必总是去想“原生家庭欠了我什么”，恰恰是原生家庭帮助我

们看清自己，修补自己，而非用来怨恨。

现实生活中很少有人和父母的关系真的像与“樊胜美妈妈”“苏明玉妈妈”那样，有着难以理解的亲情纠葛。

在绝大多数的家庭里，父母是爱我们的。但我们的父母，也是他们那个时代里平凡的小人物。他们受限于陈旧观念、知识水平、素质技能和成长背景，不懂也不会表达自己对子女的爱，尽管父母再悉心照顾，你成长过程中许多可能给你造成伤害、留下阴影的瞬间、细节，也是他们无法预知和避免的。

有些事父母就算拼尽全力也未必能够避免。

如果原生家庭伤害了你，你要做的是发现问题和改变自己，而改变自己的前提是换一种新的视角重新看待原生家庭，比如你的父母也只是普通人而已。

你讨厌父亲的平庸，却不知道他也曾是个怀揣梦想的少年；你嫌弃母亲的唠叨，却不记得她也曾是个对镜贴花黄的姑娘。

你是第一次当孩子，他们也是第一次当父母。世界上没有那么多极端可恶或者完美无缺的父母，他们也只是有着各种缺点的普通人而已。

—

我们不逃避原生家庭带来的问题，也不否定我们的一生多多少少都会受到父母的影响，这并不是一道无解的难题。

我们一生很长，不是没有修复的机会。决定人生好坏的，除了家庭，还有自己。

伤害如果只能是伤害，那么它毫无意义，只能带给你痛苦。但你如果可以让它助力你成长，那才有意义。

我们每个人都从家庭里来，我们身上的很多特质，有的值得放大，有的想要隐藏，这些特质的背后无非来自原生家庭的爱和伤痛。

美国著名家庭治疗师维吉尼亚·萨提亚曾经说过："一个人和他的原生家庭有着千丝万缕的联系，而这种联系有可能影响他一生。"

通过原生家庭，你要认识你自己，分辨自己身上的哪些特质是要修正和摒弃的，哪些是要继承和优化下去的。

这世间所有的事情都有两面性，连原生家庭的伤害也是如此。

有的时候，我们身上的那些帮助自我成功的特质、优势，背后却藏着原生家庭带来的伤痛。

我有一个很要好的朋友，十几年友情的那种。

她小学的时候，家道中落，原本富裕的生活一夜之间变得拮据起来。她父亲从此颓废不振，整日在家借酒消愁，后来去一个工厂打工拿微薄的收入。她母亲在医院做护士，去年退休后，每月领退休金。

她父亲从来没有为她的未来做过打算。高考报志愿、新生报到、假期打工，她都是一个人。她的父亲甚至连她念的大学名字、读的什么专业都一概不知。

她做事特别负责、努力，有超强的责任心，正是因为父母的“从不过问”让她过早地明白只有自己才靠得住，而且父母终要老去，她要承担照顾家庭的责任；她热情善良，从不讥讽嘲笑家境不好的人，并且愿意伸出援手，因为家中遭遇变故后，她受尽亲戚的嘲讽挖苦，以及冷漠和白眼；除了工作，她还兼职打几份工，通过努力为自己首付了一套房子，因为父母没有多少积蓄，这个家庭的希望只在她一个人身上。

心理学家阿尔弗雷德·阿德勒认为，一段经历、一段心理创伤，不会是人成功或失败的原因，人们赋予这段经历或伤害以什么意义，才会决定我们最终的人生走向。

你还有很多时间，把原生家庭给你带来的负面影响降到最低。如果本来并没有差到极点，就不要放大父母的一些失误，不要在抱怨愤恨、自怨自艾中赔上一生。

作为成年人，我们都拥有宽容、原谅和自愈的能力。

如何跟原生家庭和解是人们一生要学习的课题，而怎样把人生的主动权拿回到自己的手里，更是当务之急，不是吗？

东野圭吾在《时生》一书中曾对原生家庭有这样的解释：谁都想生在好人家，可无法选择父母。发给你什么样的牌，你就只能尽量打好它。

懂得接纳原生家庭的不完美，也就懂得了接纳自己的不完美；学会打破原生家庭的桎梏，也就找到了新的自我。

如果原生家庭没有给你足够的爱，那你更要懂得爱自己，去弥补那些缺失的爱；如果原生家庭没有给你提供太多经济上的支持，那就自己努力赚钱；如果原生家庭让你变得自卑，那就一点点学着去变得自信。

谁都无法选择原生家庭，选择什么样的人做父母。你无须因为父母的过错而惩罚自己一生，你同样是值得被爱的人。

毕竟，我们终其一生，都要为自己负责。

来排练室探班一位做音乐的朋友。

书上说，

世界上有三样东西不用语言就可以互相沟通，

它们是音乐、美食与爱。

05

你会嫉妒朋友比自己过得好吗？

—

不希望别人比自己过得好的背后，是害怕自己不够好

—

友情的可贵，

在于那个人是你选择的没有血缘关系的家人，

但有爱不代表没有竞争。

我们要允许，友谊里不是只有甜，还有竞争和比较。

在“我不希望他比我过得好”这种心态的背后，其实是害怕自己不够好。

切记，当爱与竞争面对面时，不要让竞争占了上风。

一

周末收到一个姑娘的私信。

“特特，你说很好很好的朋友之间也会有嫉妒吗？”

“当然有。”

她有一个要好的闺密，两个人从小在一个院子里头长大。如今在一个城市工作，每周末都要碰面，两个人说好要给对方当伴娘。

闺密最近有两件喜事，升职和脱单。升职后的闺密告别了闷热的格子间，有了属于自己的独立办公室。而闺密有个家境颇好的追求者追了她一年多，终于如愿。

在一次聚会结束时，闺密被男朋友的豪车接走后，她开始有意无意地疏远闺密，几次闺密主动找她，她都借口有事推托 。

“我们从小一起长大，能彻夜谈心，也能喝酒大醉，我从来不怀疑我们是最要好的朋友。但我承认我有点嫉妒她，看她过得好，我应该替她高兴，可是我没有。特特，我很讨厌这样的自己。”

“嫉妒只是一种情绪，真的没什么大不了的。你放松一点，不要跟自己较劲。”

这个女孩的话，让我想起两部小说里的情节。

一部是《那不勒斯四部曲》，讲述了两个女孩儿莱农和莉拉大半生的友谊和联系，更是一个城市的史诗。其中有一个情节，莱农出版第一本书的时候，反响很热烈，她兴高采烈地跑来跟莉拉分享这件事，但是莉拉的反应很冷淡，当然这其中有莉拉内心的创伤。

另一部是《哈利波特·火焰杯》，其中有这样一段情节：哈利被人利用，将自己的名字投入火焰杯，被迫成了三强争霸赛的选手。罗恩很生气，作为朋友，哈利成了自己的对手。哪怕哈利做出了解释，罗恩还是非常不高兴。赫敏看破其中缘由，罗恩其实是在嫉妒。

有人会觉得可能在好朋友之间，不存在什么嫉妒。但实际上，完全不是这样的。人与人之间产生嫉妒并不稀奇，哪怕彼此是朋友。

有嫉妒心并不是什么坏事，你嫉妒某个人，必然是你在心里将你们之间进行了比较，你因为暂时的落后而失落。

嫉妒的另一个意义，是在提醒你：“嘿，你还有机会，应该加快脚步去赶超他。”

想想，如果哪天你对身边人的优秀和进步无动于衷，心里没有一丝波澜，不以此对照自己、审视自己，而是视而不见、无知无觉、麻木冷淡，这比嫉妒那个跟你关系很好的朋友更可怕，不是吗?

友情的可贵，在于那个人是你选择的没有血缘关系的家人，但有爱不代表没有竞争。

“比较”这件事，是人类社会属性中必然存在的一面。想想我们从小被跟别人家的小孩比，跟同班同学比，就连兄弟姐妹之间、夫妻之间，同样逃不开被比较，我们自己也是通过比较来锚定自己的位置和水平。

比较和竞争从来不是坏事，我们要把握的是它在感情中的浓度。适度的竞争，让朋友之间有了你追我赶式的快乐。但当竞争超过了爱的剂量时，那就成了较劲。

我们要允许，友谊里不是只有甜，还有竞争和比较。在“我不希望他比我过得好”这种敌对心态的背后，其实是害怕自己不够好。切记，当爱与竞争面对面时，不要让竞争占了上风。

——

说说我自己吧。

我在读书的时候有过一个很要好的朋友——苏打。

苏打在学生会任职时，每年的竞选稿都是我给她写的。我水壶里从来不缺热水，都是她帮我从水房拎回来的。我第一次给男生递纸条，并不是给自己喜欢的男生，而是帮她追一个学长。广播站的考试我忘记带学生证，是苏打上气不接下气跑回寝室给我取的。十一长假我没有回家，是为了留校照顾生病的她。期末的时候，苏打每天凌晨 4 点起床，帮我去图书馆占位子……

虽然如今来看，很多都是低成本的事，但整个大学时期，我们是彼此最好的朋友。

你问，现在如何?

现在我们是彼此微信好友列表里不起眼的那一个，互赞的次数也少得很。

为什么如此?

因为两件事吧。

我和苏打都有每天写日记的习惯。每天晚上熄灯前，我们两个都会在各自的书桌上写日记。

“等我老了，我要把日记留给我女儿看。”

“我干女儿才不稀罕看你老太婆的青春故事呢。哈哈！”

“那个学长有没有约你？”

“有的，他说明天一起去食堂吃晚饭。我心里跟敲了鼓似的，你跟我去吧。”

“电灯泡我就不当了，你随时发短信给我。”

“学长那么帅，你喜欢吗？”

“是欣赏，毕竟优秀的人，人人都喜欢。”

第二天的晚上，室友们都一副准备“吃瓜”的表情，等着苏打说约会的事。

“学长很细心，我们在排球场坐下的时候，他还拿书本给我垫着，说女孩子不能着凉。”

“一般男生女生见面后，男生如果主动联系女生，就说明你们之间还有下文。”

“那我们今晚都不睡，陪你等信息。”

女生不就是这样，一个姐妹脱单，整个宿舍都跟着开心，踮起脚盼着沾沾桃花。于是，一整个晚上，宿舍几个女生都陪着苏打等学长的短信。

可惜的是，学长没有再联系过苏打，一个电话或一个短信都没有。苏打因为这件事确实很不开心，最后让步到能在学校里偶尔看见学长也是好的。

这件事很快就过去了，大家都没有放在心上。

大四那年我们经历了一次搬宿舍。那时候的苏打经常因为学生会的事不在宿舍，于是我在打包好自己的东西后，开始帮她打包。收拾书柜的时候，一摞本子掉了下来。我蹲下来整理，在散开的笔记本里，看到了我的名字。

我承认，我是不应该打开她日记本的，那是属于她的隐私。但那时的我真的很好奇，关于我，她记录了一些什么？而如今想来，我们的友情恰恰就在我打开日记本的那一刻，结束了。

在那页写有我名字的日记里写道：我在广播站竞选考试的一轮就被淘汰了，我不希望 ×××（我的名字）考上广播站，那样显得我太差了。×××（我的名字）一定也是喜欢学长的，她就是嘴硬不肯承认，还假惺惺说是“欣赏”。如果我和学长谈恋爱，她一定会有挫败感吧，哈哈。

我以前听说，人在受到突如其来的打击时，心脏是会疼的，会喘不过气，会呼吸困难。我在那一刻，体会到了。

我没有选择当面问苏打日记本的事，比起去质问“你到底有没有把我当成朋友”，我更怕面对撕破脸的场面。所以，没有《小时代》里姐妹互扇耳光、纠缠成一团的情节，现实中的我们，往往是软弱的。

我把日记本放回原位，在寝室呆坐了一下午。之后的相处，我尽量让自己看上去若无其事，可当她过来挽我的手臂，帮我整理听力考试题，带热水回宿舍给我时，我都会在心里发出一百个问号，这些都是假的吗？如果不是朋友，她干吗为我做这些？如果是真正的朋友，为什么要写那些话？

毕业聚会上，大家聊起那些幼稚却在心里被高高捧起的梦想，对彼此的不舍里也掺着对未来的向往。

“要常联系”“以后记得给我打电话”“下次来一定要告诉我”等等这样的话，如今我才明白，在成年人的世界里，下次就是星期八，改天就是 32 号，以后就是 13 月。

两年后和苏打的再次见面，是在另一个同学的婚礼上。

吃饭的时候听她聊起职场，抢同组人的客户冲自己的业绩，丝毫不觉得自己的做法有任何不妥，反而觉得，如果同事能力更强是不会被抢走业绩的。

我在一旁，听得后背发凉。

那位被她抢了客户的同事，是她刚刚到公司时跟她同组的女孩。即便后来被分到了不同部门，也是有交情在的。但在利益面前，这就是她的价值选择。

不过很快我又觉得她做这件事并不稀奇，因为我想起了那个日记本。或许在她心里，没有人是真正的朋友。

总有人说，三观不合的人成不了朋友。

因为它是关系的基础，不合的三观决定了双方底线的差异，而有一天，这个底线就可能成为伤人的武器。

我们都懂得，这个世界上没有绝对的对与错，世界因为“不同”而变得多彩且具有吸引力，因此每个人都有接受不同生活方式和生存理念的权利。

在这个纷繁复杂的时代，碰到一个三观相似的人，真的不容易。

三观接近并不是说你们的想法、观念、生活节奏要完全一样，而是一贯严肃的你愿意听他胡说八道；他觉得世间险恶，但不反驳你所说的万物美好；你喜欢口味清淡的日料，但理解他独爱路边烤串的美妙；他不爱喝酒，却愿意陪你小酌两杯。

三观不合时，你对身材审美有了变化，于是办了健身卡，他认为你有钱没处花；你为了升职而努力学习提升自己，加班熬夜改方案，他却觉得不如“借人上位”来得快且轻松；你攒钱旅行，去见没见过的人，抚摸陌生的建筑，他说你不过是从自己住腻的地方去了别人住腻的地方而已……

友情是两颗心的真诚相待，而非一颗心对另一颗心的碾压。

不要因为当下你们的关系很好，好到掏心掏肺，就给对方加上厚厚的滤镜。他怎么对待其他人，对你也不会是例外，你要清楚这个朋友为人处世的底线在哪里。

那些最巅峰的关系状态不可能是常态，友情出现震荡的时候，其实都是靠底线，也就是人品在为关系托底。

——

写到这里的时候，我看了看趴在一旁玩球的狗狗，叹了口气。

毕竟我也曾固执地认为友情大过天且永不衰退。

我们都知道，年少时女孩子们会喜欢拉帮结派。

在吊扇呼呼吹着的整洁教室里，女孩儿们凑在一起叽叽喳喳。哪怕是如今看来不值一提的小事，比如我送了你一个最近校园里流行的星星发夹，知道你喜欢借我的课外读物读，比如你记得我吃鸡蛋饼不要葱，喜欢在校门口拍大头贴等，这些都被我们当作是友情的证明。

我也有过这样的“姐妹团”，几个人脾气相投，笑点一致，口味吻合。大家生活里 90% 都是彼此，那时候脑子里没有什么对未来的规划，每天在一起热热闹闹也不腻。

高兴了就想要昭告天下普天同庆，难过了就疯狂地更新社交状态，将自己的伤口毫不掩饰地曝光于众。那时的我们青涩稚嫩，被情绪牵着鼻子走也不自知，对于撒娇求安慰求帮助这种事一点都不觉得不好意思。

恰好，那时候我们的欢喜悲伤也不缺观众。无论你是跌倒了，考砸了，还是失恋了，转个身就会有朋友的“别怕，我们在这儿呢”的安慰。我们天真地以为，这一辈子的眼泪都会有人关注。

现在回想起来，这种关系简直不可思议。成长环境大不相同的人，怎么可能那么要好？

我在后来的人生里，没有遇到过这样的关系。

如今我们同样会在长夜里失声痛哭，但擦一把鼻涕，翻了翻通讯录还是忍住了，没有打给任何人。

因为我们明白，世界并不总是温暖的城堡，我们在这个世界里铿锵前行总要饱尝很多的苦涩，除了学会坚强、忍耐，熬过去，似乎也别无他法。

好朋友之间关系是如何变淡的?

我不知道用变淡了来形容对不对，或许时间和距离并不应该背负全部的责任。在时光流转里，我们在各自的答卷里写下了不同的答案。

如今，像我这样的“90初”的人，除了几位博士学位在读的同学外，大多数的同学都已经工作至少五年，成家立业，结婚生子。有些在老家公务员系统任职，有些在北上广漂泊，每个人的生活习惯、社会资源、社交圈层，甚至爱好都迥异起来。

再见面，能聊的也只是在看似气氛烘托得很好的宴席上，拎出那些共同犯傻的岁月，反复咀嚼，反复咀嚼，直至它变得索然无味。

偶尔有人问起“你最近如何啊”，我真的有好多好多话想说。可是从哪里说起呢，前情提要太冗长，事情又太复杂，没人会想听的，于是只剩一句“还好吧，就那样吧”。

不是我们不愿意再敞开内心，是路不同，我硬把你拉到我这边，你会不自在的。

即便是在自己的战场里发生了很多事，但是面对他人一个字也说不出来，也一个字都不想说。这世间从无感同身受，大家都被生活折磨得遍体鳞伤，让别人全盘托起你的难过，是件难为人的事。

早就没有了从前的贪心，想要把谁“绑”在身边，不可能永远都是一群人牵着手又笑又闹。各自都有妖魔鬼怪要对付，各自都有自己要完成的人生任务。能并肩走一段路，已经是奇妙的缘分。

那些现在已经没怎么联系的人，都曾给过我许许多多个“明亮的时刻”，我始终都记得。如果说有什么说不出口的祝愿，那就是希望我们在彼此看不到的岁月里，熠熠生辉。

——

我在网上看见这句话，“活得越来越酷，朋友丢了一路”，心里很是难过。

漂泊的日子，让我们对世界的信任所剩不多，有时候也会对真理有了假设，也学会质疑爱情，不再相信没来由的善良。同行的人越来越少，开始学会一个人不动声色地做完很多事。人到了某一个阶段，生活就会开始给你做减法，消减你对梦想的热情，拿走你的一些朋友。

你的通讯录里，有多少位好友？

你的朋友圈里，还有多少朋友？

在这个网络发达，每个人的微信好友都有几百个甚至几千个人的时代，我们常常面临的现状却是：生死之交遍布天南海北，同城找不到人约酒吃饭。

现代社会交友成本很高。每一个进入社会的人都会有这种感受：想要交到真心朋友，实在是太难了。而且随着年纪的增长，就越难交朋友。

小的时候我们太简单了，只要有一个共同的兴趣爱好，哪怕是共同讨厌一个人，都可以成为朋友。任何“点”都很低，兴奋点、泪点、笑点等都是如此。

不知道从什么时候起，我们就变了，变得复杂，变得多疑，变得难以靠近。

再也没有我看你顺眼，我们就能成为朋友的简单。我们要考虑的因素渐渐多了起来，家庭背景、文化程度、经济能力、人格魅力等，都能成为成年人交友的标准之一。

人长大了，心思也长大了，也就变得现实起来。就连交友都会变得世故，并且，我们试图在寻找那些与自己人格、兴趣爱好和生活目标最接近的人成为朋友。

我们不再害怕与谁分道扬镳，因为对方也是如此。

交友成本变高，直接导致倾听和安慰的成本也在变高。

你想不想说，是个人问题。对方想不想听，也是个人问题。即便是发出的信号有所回应，也可能只是一些不咸不淡的安慰，于是慢慢地我们就学会了闭嘴。

有人懂你言外之意，有人懂你欲言又止的幻想很难再有了。难以吐露自己的真心，是让当代成年人交不到朋友的主要原因。

——

我还算幸运，在工作后交到过一个好朋友。是的，一个朋友，已经是很幸运了。

我们两个是在一次音乐节上认识的。二手玫瑰在台上唱着《如你所愿》，这姑娘一兴奋，把荧光棒甩在了我头上。我光顾着摇头了，根本没空看是谁干的，她却从后面挤过来。

“对不起啊！”

“没事。”

本以为萍水相逢，谁也不会记得谁。没想到，在音乐节结束后，我和她乘坐同一辆大巴车回酒店，聊了几句才知道，她也是坐当天晚上的动车回沈阳。

后来我们一直保持着联系，慢慢感觉和对方的性格、想法、生活态度等都很合得来。大概是互相在工作和利益上没有交集吧，相处起来有种难得的轻松。

我们会分享生活中的大小琐事，聊自己的情感故事，毫不遮掩地显露出细腻的少女心思。见面的时候会一起拍美美的照片，精心给对方准备节日礼物，更不会错过对方生日。

所有种种，就和读书时闺密相处一样，而且比那时更多了一份成熟拿捏的分寸感。她不说的事，我从不问；我不聊的话题，她不会再提第二次。这种关系也并没有那么纯粹，它建立的前提是我们彼此尊重。

成年人的友情不可能回到年少时那样单纯无忧的状态，它势必是复杂且脆弱的，而我们唯一可以为对方做的，就是保有为对方考虑的真心，以及尽力保全的努力。

步入社会后你会发现，只有自己才是最可靠和可以掌握的。

认识的人越来越多，你可以从他们中间选择那些与自己适配、愿意共同尊重规则的人成为朋友。

如今，我倒是觉得，最好的友谊不一定非要联系频密、形影不离。

每个人都需要自己的暗室，都有别人不可入侵的部分。剥离了陪吃陪喝陪聊八卦，还有一些不以利益为目的的真诚的关心，不必再通过交换秘密换取信任，这对于成年人来说就已经很难得了，要珍惜。

几年前一个普通的晚高峰，

那天的云朵格外厚，像是一勺随时要流下来的淡奶油。

绿灯亮起，背着 Piglet 书包的爷爷和他的大狗狗在斑马线上跑了起来，

嘴里还念叨着：“再过一个路口，我们就到家了。”

相册里的照片几经轮转替换，唯独这张，治愈了我很多年。

06

那些你“晒”过的努力，真的生效了吗？

—

比起被围观，
悄悄努力或许更踏实

—

你努力是你的事，

你努力是为了你自己，

你付出百分之百的努力跟周围百分之一的人都没关系。

就沉下心，安静地去做你心之所向的事情吧，

等到全部加载完成的时候，再和真正关心你的人分享。

一

你们有没有一些属于自己的特殊心理，比如我极不喜欢别人在我写稿子的时候，在旁边有意或无意地瞄几眼，明着旁观就更不用说了，我会感到浑身不自在。

灵感这东西蹦出来的时候不分时间和地点，所以这也就不奇怪为什么大部分写作的人出差都要随身带着笔记本电脑码字。每次我都会选靠窗的位置，倒不是我想看沿途的风景，而是靠在最里面有一种莫名的安全感，而且旁边会少一个人。

即便我尽可能把自己放在角落里，削弱自己的存在感，不打扰任何人，可还是会遇到无聊的邻座、后座。不是压低座椅靠背看看我在写什么，就是有熊孩子大声嚷着："妈妈你看，这个阿姨在干吗？"

每当这时候，我都会深吸一口气，暗示自己放轻松点。你说这事，至于跟人家闹不愉快吗？"请你不要盯着我的电脑""小朋友你懂不懂礼貌"，这种话轻易说不出口。

不知道为什么，我在这方面很在意，觉得自己的"安全领域"收到了预警，创作过程被旁观，脑袋就会变空白，从大脑到手指集体罢工，会下意识合上电脑。

当然我也明白，其实那些"围观"的人并不会真的在意我的电脑在做什么内容，那点好奇心可能到站后还没走出站台就已经消散了，可我还是在意。

针尖大的事，可是针尖最扎人。

——

我念高中时，利用课余时间写东西，然后投稿给自己喜欢的期刊。

那时候身边的同学，包括我的同桌都不知道我在做写东西投稿这件事，我也从来不提。有时课间的时候写一写，有同学过来，我就假装轻松地盖好，找出一本练习册压在上面。

有很多次投稿被录用，我就把刊登了我文章的那期买回来，没事就要翻开看看，然后再小心收起来，心里别提多高兴了。

可我还是被发现了。

班上一个同学那么巧也买了那本期刊，又那么巧看到了我写的那一篇。有次她收作业的时候走到我旁边，看到我在埋头写东西，说："又在准备投稿了吗？"

不仅如此，有次课堂上老师说起课外读物，这位同学突然说："她的投稿被发表了！"于是老师和同学们都稍感意外地齐齐看向我。

我的这位同学有什么坏心思吗？并没有。

我知道她并没有恶意，至今我们还保持着联系。但不能否认的是，她将信息带给大家，“曝光”我并不想被大家知道的这件小事的时候，我的心里像遭受了一连串的暴击。后来还有同学跟我说：“如果再发表，记得告诉我们，我们也想买来看看。”而老师也很希望我能在班级朗读自己的作品。

被大家关注、被老师夸奖，并没有给我带来荣誉感和快乐，反而让我无所适从。原来一直默默努力做着的事情被发现了，是会带来失落感的。

就像是武陵人闯入了桃花源，大声赞叹：“你们这里真是太美了，我要帮你们把这里打造成5A级景区！”桃花源里那些避世的人，真的开心吗？我想未必吧。

——

我有一位读者，本职是化妆师，每日人前帮客户设计妆容造型，人后自己报了小提琴班。她的小提琴老师说她很有天赋，乐感很好。

每次能独立熟练拉完一首新曲子的时候，她都会录下来发给我，“特特你听，这是我新学的。”

“你这么棒，家人和朋友一定把你看作是宝藏女孩。”

“其实……家里人并不知道我学小提琴，连一起工作的同事也不知道。”

“有隐藏技能的人更厉害哦！”

“要做得很好才敢被人知道，不然我会难为情的。”她说。

我特别懂她的感受，不想嚷嚷，不想被人发现，并不是因为做了什么不好的事，而是喜欢默默地把自己的事做好，减少不必要的关注，也就减少了压力。

——

我喜欢“悄悄地把尾巴藏起来”这个行为，至今还是没什么改变。

在自媒体平台自由的今天，我觉得自己除了写字，或许还可以做点别的有趣的事。于是，我注册了小红书，在上面分享自己的生活爱用物品、读书笔记、探店打卡、护肤心得。

起初，我从不在乎发的这些笔记有没有人来点赞，直到陆续被同事、读者和朋友们在小红书首页刷到，我的心态开始有了变化。

这篇“参观美术馆”的笔记，照片调色是不是不够吸引人；那篇“好书推荐”有没有展现出书的价值；明天要发的“护肤禁忌”希望能被更多女孩子看到。

我觉得越来越累了，我的担心和期待都开始变多。我没有抱怨的意思，只是因为被人知道，我所有的进步和退步、成功和失败都被挂出来，公开得明明白白。我很难不让自己在意，听到掌声的同时也得扛下所有的期待、不看好和未知的种种变故。

于是，我又想起许多年前，在体育课的间隙，自己一个人跑回班级，拿出作文本，一字一字记录，然后反反复复修改到自己满意，再小心叠起来，按照期刊上登的地址寄出去的时光。

没有人看见我在做什么，但我真的无比开心，那种开心在被各种数据充斥着的今天，很难再重现。我变得希望明早起来可以看到涨粉，变得因为没有曝光度而愤懑，变得忘了自己当初为什么要做这件事。

被围观的努力真的很辛苦。

我不知道这是一个人性格里“沉稳”的一面，还是一种生活方式。不为取悦任何人，不为博眼球的时候，步伐真的又快又轻松。

旁观者看不到你内心的那团火，他们只看得到烟，索性就等尘埃落定的时候再分享燃烧过后的印记：“你看，我真的做到了，还不错吧。”

——

网上有段时间特别流行一句话：你越晒什么说明你越缺什么。

其实有点道理。我们周围有很多人勤于展示自己的努力，在读书群里每天打卡，在健身群里热聊，在各种训练课堂里担任“打酱油”的角色，等等，因为只是看起来很努力，所以才要晒得格外卖力。

有人说，自己为了做第二天要交的方案而熬了一整个通宵，好累！

事实可能是，这个方案一周前就已经安排下来了，他下了班跟朋友聚餐、唱 KTV，回到家已经困得眼睛都睁不开了，倒头就睡。等到领导下了最后通牒，才不得不匆匆忙忙熬夜完成。

有人说，这次考核又没通过，升职加薪的事又要搁置了，明明自己努力看书了，为什么世界还是格外苛待我？

事实可能是，每天翻开书看了半页便要拿起手机，毕竟淘宝购物和刷抖音更有趣。抬头一看表，凌晨了，算了，明天再看书吧。日复一日，到了考试前三天才临时抱佛脚，囫囵吞枣地看了一遍书。

有人说，买了全套的健身器材，期待自己的好身材！

事实可能是，各个 APP 上的瘦身教程收藏了不少，但也只是为了吓吓脂肪。动感单车蹬了 3 分钟，好累，下来歇一会儿。跑步机上跑了 10 分钟，好枯燥，不跑了。瑜伽垫上做几组无氧运动，躺下后发现原来瑜伽垫这么舒服，躺着打一局游戏吧。

有人说，在图书馆泡了一整天，如果不是周围同学陆续走了，还不知道已经快要闭馆了，走出图书馆看到满天星辰，真是充实的一天啊！

事实可能是，他确实在图书馆的阅读室里待了一整天，看完了一本玄幻小说，专业课的书被晾在一边，摸都没有摸一下。

——

假如只是看上去很努力，又何必晒出来欺骗自己，或者引起周围人的注意呢?

即便精神上给自己强加了“别人荒废时间时我在拼命”的暗示，朋友圈立了“努力型”人设，可惜体质与精神配型不符，就别怪在一大堆真正努力的人群里分分钟被掩盖的事实。

退一步讲，真正努力证明自己的人，都在忙着低头赶路呢，是没有时间晒努力博眼球的。

你努力是你的事，你努力要成就的也是你自己，你百分之百的努力跟百分之一的人都扯不上关系。

既然所做的一切都是为了自己，那么“晒”努力的心虚行为就可以免去了，要知道努力是一件很深沉的事儿，标榜努力而不低头努力，才是真正地辜负和浪费自己。

——

曾在知乎上看到个帖子：默默地奋斗是怎样一种体验?

我想起了一位朋友，我们叫他巴克。

巴克是普通上班族中的一员，利用下班后的时间，报名了摄影和剪辑课程，从每晚 7 点 30 分准时开始，线上学习 4 个小时。等到周末的时候，就到提前选好的美食店铺去探店，然后回来撰写文案、剪辑，发送到平台。

在这样没有团队、没有合伙人、没有流量，任何小事都要他亲自来做的条件下，他默默坚持了两年。

直到有一天，我们在各大平台发现了一个用户名，叫“巴克带你吃点好的”，才知道他已经成为拥有十几万粉丝，开始组建自己团队的美食分享博主了。

很多人都有这样的疑惑，为什么我们身边总有人看起来普普通通，但突然有一天，他们就成功了，把你甩出了十万八千里？

因为他们在默默努力扎根，独自一个人奋斗的时候，你根本没有看到。

就像巴克。他从没在朋友圈里发过宏愿，也没在论坛发过“鸡血”打卡贴，只是每天都在有序地努力着。

我们在职场“摸鱼”虚度时光的时候，他在找各个商家老板谈合作；我们赖床的每一个周六，他都已经早早出门准备当天的拍摄；在我们和朋友大快朵颐、吹牛互捧的时候，他在家修图、写文案；在我们看直播、刷朋友圈的时候，他在看粉丝们的留言，并认真回复，接受意见；在我们因为抢到几块钱红包而暗自高兴的时候，他这个月赚到了五位数的广告费。

他没有告诉身边的同事和朋友，我们只知道，有很长一段时间，他都没有来参加聚会，在群里偶尔和大家打个趣就不再聊了。他放弃了娱乐的时间，一直在默默地做着自己想做的事。

反而是那些不那么大张旗鼓地满世界立 Flag 的人，踏踏实实地在行动。在不曾分享的时间里，有人取得了很大的进步，成为当初我们都向往的人。

——

当我们身边有人做成了一件事，一定会有这样的声音："他不过是运气好。"

很多人都认为当今做自媒体很容易，无非是找些图片，搬运一些文案，学学排版，手指一点"发布"，再买点虚假的点击量就万事大吉了，剩下的时间里坐等广告商家找上门来合作就可以了。

这样想的人，恐怕从来没真正自己去做过这件事。

自媒体看似自由，实则辛苦。从小白做起，加各种群听取大家的经验，线上学习是少不了的。就连吃饭喝水的时候都要想下一篇要发的内容，明明已经很不舒服了，可还是要硬撑着爬起来编辑、排版，毕竟每天按时更新这个原则绝不能动摇。你所看到的每日一篇的原创，都是有人熬得眼睛干涩、颈椎疼痛得来的。

身边那些升职更快、职场顺风顺水的人，常常让人看着羡慕嫉妒恨，事实的真相也没有你想的那么阴暗和不公平，每一分你在人前的轻松如意，都源于背后的暗自努力。

这既在意料之外，也在意料之中，其实这种现象生活中很常见，一开始信誓旦旦的人大多数结局都成了三分钟热度。

那些闷头做事的人，比如巴克，不是没有遭受过打击。黑粉的恶评、商家的不配合、脑袋不转写不出东西、剪辑好的视频文件突然损坏……可那又怎样呢？他们坐得住冷板凳，经得住诱惑，他们心有定力，有格局，有远见。

比起天上掉馅饼这样的好事，我更相信所谓的好运气是慧眼、毅力、自律、眼光和勇气的综合表现。

想要做成事，先低头看看自己走的路：有没有认认真真地培养自己在某个领域的能力和技术，脚印是不是够深够平整？如果没有选择正确的起点，坚持不懈地进行量变的推进，那么你的“馅饼”也将永远不会到来。

——

很喜欢网易云音乐的一条热评：你背单词时，阿拉斯加的鳕鱼正跃出水面；你算数学时，太平洋彼岸的海鸥振翅掠过城市上空……在你为自己的未来踏踏实实努力时，那些你感觉从来不会看到的景色，那些你觉得终生不会遇到的人，正一步步向你走来。

我一直相信，你想走的那条路，路的尽头一定有你想要的礼物。如果你要得到它，就得让自己配得上它，即便这路上一定少不了绊倒你的石头和无法避免的坑。

过去每一秒钟的积累成为今天这一天，每一天的积累成为一周、一月、一年，乃至人的一生。那些让人惊奇的伟业，实际上几乎都是普通人兢兢业业、一步一步持续积累的结果。

世上没有白费的努力，也没有碰巧的成功，事要一点一点去做，路要一步一步去走，你只要付出比常人多的努力，就会比别人早点和成功相遇。

沉下心，安静地去做你心之所向的事情吧，等到全部加载完成的时候，再和真正关心你的人分享。

共勉。

07

经常和你聊天的人是不是喜欢你？

—

别用你那短暂的喜欢，
来打扰我平静的生活

—

暧昧能否修成正果，或是半路消亡，

看缘分看造化，更看你们两个人的心意。

希望你永远不要怀疑爱情，因为有问题的是人，不是爱情。

你要清醒，那种追一个人追了很久很久的时代，

已经离我们越来越远了，现在是那种“成为更好的自己”的时代。

——

上个周末和达达约了一起吃烤肉，可她全程心不在焉，任凭猪肉卷在烤盘上嗞嗞地冒着诱人的味道，全然不理会，还时不时地掏出手机来看。

我向她表示抗议，假装生气："约了几周，好不容易见到面，见面就冷落我？"

她叹了口气说："我也正被人冷落着呢。"

我一边用翠绿的生菜叶包住肉片塞进嘴里，一边听她说起原委。

达达工作这几年存了些钱，想要买一户小公寓，结束5年的租房时光。她在朋友聚会上认识了房产销售经理张先生，互相留了名片。买房的事达达没少咨询张先生，两人私下联络也频繁了起来，据说十分投缘。

他会在半夜给达达发微信，说"我闭上眼睛就想起你的笑脸"；达达出差，他会打电话关心路上是否安全，叮嘱女孩子住酒店要检查门锁；达达忙工作晚回了一会儿他的信息，他会假装生气，说"我还以为你不想理我了"；达达不会做饭，经常叫外卖，他说"以后我为你下厨，保护你的胃"。当然了，像"早安""晚安""早点休息"这种撩拨基础话术也是少不了的。

女孩子这种生物，是非常容易产生依赖的。日子一天天地过去，张先生在达达心里的分量越来越重，重到什么程度呢？就是到了几个小时内收不到他的消息就会寝食难安的地步。

达达也曾明里暗里试探过张先生，问他喜不喜欢自己的时候，答案永远都是模棱两可的。这一试探可好，张先生玩起了消失，几天不回微信，再回也是冷冷冰冰两个字——在忙，更别提和达达出来约会了。

两个人还没有正式确定恋爱关系，达达总是成天猜来猜去的。她问我："为什么之前聊得好好的，说冷下来就冷下来了呢？"

"没有那么多为什么，不过是没那么喜欢你罢了。你确定是聊，不是撩吗？"

达达显然有些丧气，低着头说："他确实从来没有说过'我喜欢你''做我女朋友'这种话。"

很多女孩子都遇到过这种情况吧：

你跟一个男生聊得不错，你以为你们会有进一步的发展，可他迟迟不表白，还时不时地消失个几天，过段时间再找你，好像什么事都没发生过一样。

或者你跟一个男生已经处于"友人以上，恋人未满"的状态，但他却沉浸在这种暧昧里，不想给你一个明确的说法。但其实不管是哪种情况，都不是因为你不够好，也不是你真的做错了什么，而是对方打从一开始就没想认真。喜欢你，必定是触发了"想要跟你在一起”的恋爱冲动，而撩你，只是触发了生理荷尔蒙的冲动。

撩和追比起来，总是多了一丝玩世不恭的味道。

因为没有走心，所以撩着撩着就消失也是常有的事。又因为三心二意，所以你对他投入再多的感情他也不会报之以桃。那些看起来美好的，让你以为自己被爱神看中的瞬间，不过是他只想给你浅尝辄止的甜头，还没等你品味完，他就要收回，他觉得这糖给谁都可以，并不是非你不可。

很多人对你感兴趣，但没人执着于你。

——

许多时候，一个人不想联系另一个人并没有那么多原因。你执着的是不愿与他就此别过，你认为你们之间还会有故事发生，可是，他也这样想吗?

不管他出于什么样的原因与你断了联系，事先没交代清楚就是不够尊重你。如果一个男人无视你的信息，让你患得患失、捉摸不定，那么这个男人一定没你想象中那么在乎你。

有些人对你，真的就只是聊着玩儿，玩儿就是玩儿，没有其他别的意义。你要是抱着游戏的心态对待他，倒也可以，最怕你天真过头，在一份不够明朗的感情面前，像海鸥捕食般一头扎进水里，掏心掏肺，全然不顾生死。你终日盼望他早早把暧昧进化成正当关系，但恕我直言，可能真的是没有那一天的。

对你不温不火，或者忽冷忽热，不过是因为你从一开始就没在他的转正名单里。

你每天熬夜想他的时候有没有想过，你喜欢的那个人已经打呼噜了，而且梦里没有你，醒了也不会爱你。爱这件事，并不复杂，它直接、强烈、显眼。真正喜欢你的人，不会让你去揣测、猜疑的，因为在这之前，他会把真心“摊开了”放在你面前，让你看到、感受到。

一个人如果真的喜欢你，你一定会感受到，不会让你觉得好像有，又好像没有。

有读者问我：经常跟你聊天的人是不是喜欢你?

说实话，这题有点难回答。以我目前的人生经验判断，我觉得很可能不是。

喜欢你的人一定会经常跟你聊天，但反过来讲不一定成立。你想过没有，他找你聊天可能是因为觉得你随和、有空，能接得住他的梗，聊得来。他看见一个搞笑的段子，把它随手分享给你，并不费力，而且可能他同时分享给了另外五个人、十个人、五十个人。

有些男孩子的无聊，在于没事儿非要若有若无地撩一撩女孩子，不打算发展，甚至也不是很喜欢，只是有那么点儿好感，可硬要撩一撩。

有些女孩子的多心，在于没事儿非要把一些无所谓的东西跟“喜欢”强绑在一起：他总是点赞我朋友圈是不是喜欢我？他在我生理期的时候给我买了生姜奶茶是不是喜欢我？他每天对我说晚安是不是喜欢我？如果这样你就因此心神不宁，那真的太傻了。

在你确确实实感受到他的爱意之前，不要轻易把表象当作喜欢。

真正喜欢你的人会想办法留在你身边，其他的你不用管，都是过客。

——

大学的时候，有过很长一段只和一个男生聊天的经历。其实也没多么新奇，无非就是说说学校最近的活动，抱怨星期一的课特别满，二食堂的炒饭量又减少了等这些说过就忘的小事。

我从没问过“你喜不喜欢我”，他也没有“你要不要做我女朋友”的表白。

有一天很晚了，我突然无比想他。那时候微信还没有像现在这样普及，发出去的手机短信也只能眼巴巴干等着，我的思念无从寄托。在床上瞪了一会儿眼睛以后，我跳起来麻利地穿好衣服，出门去找他。

尽管我们约好了第二天上午一上完课就一起吃午饭，尽管室友一直劝说“天黑了这样出去太不安全了”，我依旧不管不顾地跑了出去。

出了宿舍门才发现外面下着大雪，这不奇怪，那时正值东北的十二月。地上已经有着厚厚的积雪，天空中雪花如筛灰一般簌簌落下。但心怀着爱情的炽热，我丝毫没觉得冷。北方下雪的冬夜格外寂静，校园里已经没有什么行人，只有我自己踏在积雪上“咯吱、咯吱”的声音。

我穿过一条小路，来到他宿舍的楼下。然而我什么都做不了，楼门紧锁。打电话给他，他跑下来，我们隔着玻璃门相互看着。

“你怎么来了？”我没说话，只是傻笑。

“快点回去吧，很晚了。”我还是傻笑。

说什么呢，说我只是突然很想念他，只是突然想看看他的脸？虽然这是真的。

故事的最后，当然是我一个人回了宿舍。很久以后，时过境迁，我与他已经再无联系，而我也早已不是那个能半夜扛住风雪的鸡血少女，此时的我才领悟到自己当时的心态。

无论是雪夜去对方楼下站会儿还是冒着大雨给他送一杯奶茶，自己回想起来往往觉得“我当年真的是赤诚地爱过啊”，而对对方来说，一杯奶茶就是一杯奶茶，无法承载起你想要在上面寄托的山崩地裂的情怀。

有时候，你以为炽热的爱，更像是一种表演，除了把自己感动一下，制造深情的人设以外，其实没什么意义。

这个时代很浮躁，爱情像快餐一样更迭换新。

或许当你走完一段路之后回头看，真正能被记得的事情真的没有多少，真正无法忘记的人也屈指可数，真正有趣的日子也不过是那么一些。

爱得奋勇，爱得真挚，这从来都没有错，但也要懂得克制自己，克制自己的情绪，克制自己的表演欲，甚至克制自己的喜欢。

——

现在我们来说一下重点，喜欢和撩的区别在哪里?

喜欢会带你进入到现实生活，撩是只停留在社交网络中。

一个男生如果真的想和你在一起，一定不会停留在聊天上。他会很想将你们的关系稳固下来，所以会想方设法地跟你约会，为的是进一步地了解你。换句话说，如果一个男生只跟你在网络上甜言蜜语、暧昧不清，并不能代表他是真的想追你。喜欢是需要付诸行动的，而撩是不需要成本的，动动嘴皮子就行了。

喜欢会手足无措，撩是侃侃而谈。

喜欢你的人在你面前会紧张，会不知如何是好，不会口若悬河。他会用心听你的开心或烦恼，心里想着能为你做点什么，通过行动和细节让你感动。撩你的人有一万句小情话在等着你，会在喝多了后跟你说很想你很爱你，却在酒醒后跟没事人一样地只是在撩你。讨不到你的欢心，就去讨别人欢心，不会花太多心思和时间只押你这一注。

喜欢是不离开，撩是想靠近。

冲着你的光芒急匆匆赶来的人很多，当看到你在泥泞里艰难前行，仍能不顾你满脸狼狈，温柔且坦然地朝你伸出手的人，才是最珍贵的。撩你的人想靠近你这个人，但未必想靠近你的心，发现不能得逞，就会立马离开。

喜欢是认真且怂，撩是忽冷忽热。

当对方不顾你的感受，忽冷忽热，有意无意地疏远你时，你就要好好想一想了，你或许只是他一时寂寞的玩伴。碰到这样的人还是要尽早远离，不然总有一天会伤着自己。喜欢你的人跟你聊天的时候会怕自己说太多让你讨厌，说得太多让你误解，所以总是打了一堆字又删了，删删打打。他会认真走心地对待你，能让你开心的事他都会尝试去做。

喜欢是太晚了催你快点去睡，撩是不管多晚都会和你聊天。

喜欢你的人在深夜一般不会发信息给你，他怕打扰你休息，不想你在梦里惊醒。撩你的人才不管白天还是黑夜，对你的作息、健康没有那么关心，只要他还醒着，多聊一会儿又何妨？

喜欢是只喜欢你，撩是喜欢你并不妨碍他喜欢别人。

你的笑，你的泪，你的脾气，你的幼稚，在喜欢你的人的眼里都是加了光环的，你对他是唯一的。可在撩你的人眼里，你的笑是很美，但同款可以有很多，平时你是他的小仙女，你若真的入坑去追他，就立刻变成了他的大麻烦。

别在他撩你的时候，就去做是否跟他共度一生的决定。认识一个人、判断一个人、靠近一个人都是需要花时间的，有些人在一起过了一辈子，都不敢拍着胸脯说对方是什么样的人，你怎么可以因为几句不必负责的甜言蜜语就被撩得飘飘然呢？

对你高冷的男人，会比你所想象的更不可能喜欢上你。欲擒故纵那一套，真的不流行了。

你要记住，你很珍贵。任何轻视了你感情的人，都不配拥有你。

遇到撩完就跑的男生怎么办呢？不如在心里狠狠地扇他一巴掌，笑着跟他说一句：没能和你在一起，真是谢天谢地。

——

若他爱你，他一定不会毫无缘由地跟你断了联系。你难过也好，不甘心也罢，千万记得，不要与他百般纠缠。很多时候，执念是你强加给自己的。你为了他肝肠寸断、泪眼婆娑，他却压根没把这件事放心上。你在他看不到的地方伤心难过，把宝贵的时间、精力都耗在这上面，把自己的生活搞得一团糟，最后只能是筋疲力尽、一无所获。

你受益了吗？没有。你吃亏了吗？吃了。觉得值得吗？不值。不要给感情加上什么美化的滤镜，他真心爱你，那是他的情义。他撩撩就走，也定是早有预见的。

任何感情，如果只是为了追求最开始的刺激、新鲜感和自我优越感，那无论换多少人，都是再把同一件事情重复很多遍而已。

时间一长，浪费的是自己的情感成本。当你真正遇见喜欢的人时，你会发现，暧昧时心动，恋爱时心动，平静时也心动。

暧昧能否修成正果，或是半路消亡，看缘分看造化，更看你们两个人的心意。

希望你永远不要怀疑爱情，因为有问题的是人，不是爱情。希望你能少受点爱情的苦，屏蔽那些撩你的人。

别让一腔诗意喂了狗，也永远相信自己值得被爱。把自己活好，去变得更美、更富有魅力，这才是最重要的。

我读过这样一段话：生而为人，不分男女，其实都走在一条拿着青春换阅历、拿着失去换成长的路上，认识一个人，靠近一个人，判断这个人是否能跟你携手共进，都需要时间。

你要清醒，那种追一个人追了很久很久的时代，已经离我们越来越远了，现在是那种“成为更好的自己”的时代。

当你受伤的长发已经养好，保持着不到三位数的体重，爱好、能力、气质、见地、信心都在日渐丰满，能一路废话、八卦、吐槽的好朋友也一直都在身边，在别人看来，你的生活里就只是还缺少一个温暖、温柔的人相伴。

其实，如此美好的一个你，还真的需要担心些什么吗？

现代人不缺爱情，或者说不缺貌似爱情的这种东西，但是寂寞的感觉依然挥之不去。我们可以找个人来谈情说爱，但是却始终无法缓解涌上心头的落寞荒芜。爱情不是便当，它依然需要我们郑重其事地对待。

真正的爱，就是两份孤独相护、相抚，欣喜相逢，就是和你在一起以后，我再也没有羡慕过任何人。

08

生活总是想方设法把我们逼到爆炸怎么办？

—

不要轻易发脾气，
而要学会正确表达情绪

—

我从未刻意学习过如何变得强硬，

不过是在成长中栽进一个又一个坑之后，才明白，人要学会保护自己。

这保护有时是默默无声的，为自己积攒能量，但有时它必须发出怒吼。

别轻易辜负自己，

你要勇敢为自己发声，说“不”，说“我不需要”，说“我不愿意”。

二

你有没有发现，世人总是在教我们如何不发脾气，如何控制脾气，如何与人好好相处，却很少有人告诉我们如何发脾气，如何不让自己受委屈。

不轻易发脾气，并不是要一味地压抑自己的情绪，而是要学会正确地表达自己的情绪。

老耿是朋友圈里出了名的好脾气。

不管是门口杂物堆成山的邻居，还是借钱三年未还的表弟，或是一有过失就“甩锅”的小组同事，老耿都能笑笑而过，和谁都相处融洽的他，很少对人生气、发怒。

唯有一次见他发脾气，是年初他乔迁之喜，约朋友们去家里吃饭，闹了一场不愉快。

招待朋友来家热闹的那天，是老耿的母亲掌勺。

“都是一些家常小菜，孩子们别嫌弃。”老耿的母亲笑眯眯地说。

“阿姨您也别忙了，坐下来一起吃。”我们几个应和着。

“饺子马上出锅了，你们先吃。”说完，阿姨又转身钻进了厨房。

席间，大家都交流得很和谐，说说身边的趣事，聊聊最近有哪部电影值得推荐，说老耿也快 30 岁了，找女朋友的事要上点心了。

突然有个声音插进来：“这饺子馅没放盐吧，味道怎么那么淡。”

大家都愣了一下，这时有人说：“肯定是你口味重吧，明明咸淡正好。”

“这哪里正好，太难吃了。”

“不合口味吗？我再去做点大米饭，不吃主食哪行。”老耿的母亲闻声从厨房出来说道。

老耿的脸色沉下来，“妈，别忙了。”又扭头看向那位朋友，“我这里招待不了你，你可以先走了！”

这下场面可真是尴尬了。其实这人和老耿并不是很熟，从前在另一个朋友那儿见过两次，这次聚餐还是那个朋友带过来一起的。

见老耿下了逐客令，那人脸面上也挂不住，穿上外套就走了。

那人走后，夹在中间的那个朋友很是尴尬，老耿没有随便迁怒于朋友，说：“搬家就是个由头，想着平时都忙好久没聚了，过来热闹一下。本意也不是请大家来品尝我妈手艺的。连基本的礼貌都没有，那还是不要留在这里了吧。”

说完，便有人打岔说起别的话题，这事就翻篇了。

——

后来有人问老耿，一向好脾气的他怎么那天就发那么大的脾气呢？

老耿笑笑，说:“我确实是好脾气，但不代表我没脾气。平日里很多事我觉得没有发脾气的必要，忍一下，退一步，和气一点总是好的，没碰到我的底线，怎样都没事。可一旦有人触碰了我心里的红线，那就别怪我不客气。”

脾气谁都有，只是有的人，习惯了给他人多一点善意和包容。可老好人也会不高兴，老实人也有自己想要保护的人。

我们通常说情绪管理，并不是要求我们对任何事都必须没有情绪，而是管理好那些“坏”情绪。

比如沮丧、愤怒、不满，这些可以有，但不要让它们长时间地在你的身体里发酵，伤害自己，更不该让这些负能量放肆蔓延，进而影响到身边亲近的人。我们需要学会的是管理它们，排遣它们。

控制脾气，而不是完全消除脾气。

人可以好脾气，但不能没脾气。谦让久了，容易心里委屈，更容易被忽视。有些时候，真的没必要好脾气。

——

我也曾经是个“脾气特别好”的人，用“好”形容并不准确，正确来说应该是“怂”。

迈出一步前先脑补种种的可能，猜测别人会如何看待我，会不会损害我在别人心目中的人设，等等。旁观的好心者或许会夸一句恬淡如水与世无争，而我自己却心知肚明，像是一只小白兔似的战战兢兢如履薄冰的我，过得一点都不开心。

我从未刻意学习过如何变得强硬，不过是在成长中栽进一个又一个坑之后，才明白，人要学会保护自己。

这保护有时是默默无声的，为自己积攒能量，但有时它必须发出声音。

有一次我去银行办理业务。

那时候银行刚刚开始使用无人机器服务，窗口明明有工作人员却不给我们办理，一大堆人在机器那里排队。排了 40 分钟，好不容易轮到了我，却因为面部识别不出来而不能进行下一步，无奈只好找来工作人员沟通，他们说让我去窗口柜台办理。

换了窗口，里面的工作人员随随便便划一下卡，就说："没什么问题，面部识别有时候不灵敏，你还是去机器那边吧。"我回过头，机器那边已经排了更长的队了。

"我不过去重新排队了，我就在这儿办理吧。"

"办不了，你去那边排队。"

换作以前，我一定乖乖拿过银行卡，继续去排队，可是那天我没有。

我隔着玻璃和里面的工作人员理论起来："我已经耗费了很多时间排队，是你们的服务机器有问题，原因不出在我身上，我也有自己的时间成本，现在过去还要重新排队，不太合理。"

柜员白了我一眼，不说话。负责人过来说带我去机器那边办理，我再次拒绝了："刚刚我已经说得很明白了，我没有无理取闹。现在就帮我办理吧，不然我有权利投诉你们。"

我无心拿投诉来吓唬工作人员，全程也没有大声争吵，我只是在维护我自己的权益。我没有发火，而是把脾气和态度拿出来。何况，是我规规矩矩按要求办事，却被不合理地对待在先的。

最后负责人进去和柜员小声说了几句，柜员用极其不爽却无可奈何的复杂表情帮我办完了业务。

——

一个人所有的懦弱和胆怯都是在惩罚自己，所有的鸡汤、鸡血、大道理，归根到底不如大声说出来。

所以想想，那些没信用、不敬业的人会因为你的体谅和包容就学会善待别人吗？我想未必吧，反而容易看人下菜碟，找软柿子捏。

我不是说要鼓励大家去吵架，我只是通过自己的经历去思考，觉得我们可以善良和适度宽容，但不要当软柿子，遇到不合理的对待时就要为自己的权益据理力争。

要勇敢为自己发声，说“不”，说“我不需要”，说“我不愿意”。

没有人愿意耗费精力去做凶巴巴的人，只是很多时候，我们乖巧温柔得体地去表达诉求，未必可以得到真诚的回应，事情也未必能很快地解决。

这个时候，姿态稍微强硬一点，虽然是无奈之举，不过往往确实比较能解决问题。我只是不想当你面对生活的坚硬时，过于在意面子和胆怯，从而让自己委曲求全。

——

人与人交往，难免产生摩擦，发脾气不是坏事，如何既能抒发情绪，又能解决问题，才是我们要知道的。

比起情绪上头，先在语言上占上风更有优势，更重要的是找到事情的原因和自己不高兴的理由，是对方的问题，还是自己的问题，这点要弄清楚。

具体问题具体分析。如果是自己的问题，合理发泄，给自己的“不满意”“不高兴”“不诚心”找到出口，绝对不能把别人当出气筒，这样既丢了自己的素质，又“伤害”了别人。

如果是对方的问题，小问题，要么隐忍，要么委婉表达出来；一旦涉及原则底线的大问题，那就要摆好心态，合理沟通，正确表达自己的想法和态度，促使事情更好解决。

有一点很重要，面对问题的时候，我们要对事而不对人。

相信很多人都有过这样的经历，脾气来的时候，真的是嘴和脑都不受自己控制，专门挑些能“扎”痛对方的话来说，很难做到就事论事，有的甚至上升到肢体的接触。

但你回头看看，这样的方式没有一次带来好的结果，不但问题得不到解决，还激化矛盾，给双方心里都会带来或深或浅的“内伤”。

你有权表达自己的愤怒，但你也不能被怒火左右自己思考的能力，要时刻保持客观冷静，不断梳理自己的思路，只有这样，你才能一步步达到你的预期。

——

美国著名心理医生派克曾经这样说：“在这个复杂多变的世界里，要想人生顺遂，我们一定要学会生气。我们要学会用不同的方式，恰当地表达愤怒的情绪。有时候需要委婉，有时候需要直接，有时候需要心平气和，有时候不妨火冒三丈，生气一定要注意场合、时机和人物。”

脾气是要发的，但要看怎么发。发脾气不等于可以乱发脾气，不等于无理也要辩三分，不等于有效发脾气。

你所有的情绪都顺应你的目的，要学会利用情绪的内在力量达到你的主要目标。

你可以发脾气，但发脾气之前，先动动脑。毕竟发脾气并不是一定需要有暴怒的面孔、猛烈的情绪、尖刻的话语，或者必须要高对方一个声调，我们是为了解决问题，而不是制造问题。

写到最后，有点小感慨。

人啊，还是要能糙能细。脾气这东西多不得，一点没有也是万万不可的。

该得体的时候必须得体，该理直气壮维护自己的时候，半点都不要怯懦。因为心不怕苦难，它怕委屈。

二十几岁的时候不要偷懒，

不然要在三十几岁的时候日夜弥补。

为了想要的生活而奔波，是成年人的一种体面，

通往诗和远方的路上，既需要情怀，也需要盘缠。

09

除了买买买，我们还能怎样爱自己？

—

爱自己的方式，
绝不只有“买买买”

—

真正的爱自己，不仅仅是你去了那家高格调的西餐厅，

你给自己买了全能乳液，又添了几件名牌新款时装。

爱自己，在于你能在多大程度上尊重自己、忠于自己、肯定自己，

那是一种来自内心的力量，帮你对抗最平庸的生活。

更取决于你能否和自己好好相处，和世界握手言和，

能否在面对世俗不堪一击的时候，在遭遇生活风浪的时候，披上铠甲去战斗。

——

最近几年特别流行“爱自己”这个论调，连我妈妈在敷面膜的时候，都会说上一句“要保养要爱自己”，营销号更是叫喊着，“姑娘，你值得拥有更好的东西”。于是，买买买成了姑娘们投资自己、对自己好一点的最直接的方式。

我一点都不否认这种方式带来的快速疗愈的作用，我在写不出稿子、心情低落，又或是取得了阶段性收获时，都会去商场逛逛，用刷刷刷和买买买来安慰或鼓励自己。但你有没有发现，买买买这种直接粗暴的方式，并不具备带你的生活走上良性循环的属性，它能带来的不过是片刻的欢愉。

更何况现在“断舍离”的概念似乎更“风靡”，断 = 不乱买、不收取不需要的东西，舍 = 处理掉堆放在家里没用的东西，离 = 舍弃对物质的狂热迷恋。

所以，除了买买买，你真的爱过自己吗？

——

对于我来说，每到季节交替时节就生病这件事像是个魔咒，今年也不例外。

初春忽冷忽热那几天，我在社区门诊打吊瓶，遇到一个女孩因为节食过度导致低血糖晕倒，被保安和物业管家一起送了过来。那女孩躺在我旁边的床位打葡萄糖，我才认出她和我住同一单元，平时早晨上班在电梯里会碰见，也会打个招呼。

她醒来后，我问她为什么要这么拼命节食，晕倒不是小事，胃要是饿坏了损失就更大了。她苍白的脸上没带一点血色，有气无力地说："我男朋友喜欢骨感的……"我心想，还真有傻姑娘。

几个月之后，晚上下班回来在园区里碰见她，还真是活脱脱瘦了一大圈，而且整个人气色很好，让人觉得眼前一亮。她说自己现在的体重可以维持在 90 斤。

"那你男朋友现在一定超喜欢你吧？你肯为了他变得这么瘦。"

"我们分开了，所以也不算是完全为了他。"她说话时语气淡定。

当她减肥开始见成效的时候，男朋友却提出了分手，理由倒是没有半点借口，他喜欢上了别人。这女孩在男朋友的手机里看到过他新欢的照片，那是一个有点婴儿肥的女孩，没有她高，更不比她瘦。

分手之后，这女孩没有因此停止减肥。

她说虽然做这件事最初的原因不存在了，可它已经开始了，半途而废怪可惜的。只是她不再疯狂节食，舍弃了自虐的方式，用轻断食、游泳、慢跑来代替。慢慢地，她变得又瘦又健康。

有时候，只有当你放弃一段没意义没营养的感情，才会发现爱情并不是我们唯一应该去投入的事。

不爱的时候，心情和头脑也就真的慢慢平静、清明起来，没有多疑的猜忌，没有受伤的敏感，没有失控的恼怒，没有期望的焦虑，没有失望的伤心，最主要的是，也没有了那些傻得不着边际的幻想。

爱自己，是不在爱情里做卑微乞求的人，在失恋后不对自己进行二次戕害。

——

珍妮是我的大学同学，住在我隔壁寝室。在我印象里，她是走大小姐风格的姑娘，海藻似的微卷长发，从不褶皱的裙装，以及迷人的眼妆。难得的是她平时待人温和有趣，从不故作高冷。

毕业后我和她虽然联系甚少，但通过朋友圈还是会知道一些她的生活。她离开家乡去了杭州工作，一人一猫，生活惬意，平时工作，周末看画展，约朋友喝下午茶。印象里，她始终是那个精致的姑娘。

去年夏天，我看她开通了新的微博，顺手点进主页。原来，她开了自己的定制女装店。这年头开微博吸引粉丝并不稀奇，我点完关注后便退了出来。从那以后，朋友圈里偶尔会看到她的分享。比如找到新的摄影师，比如在工厂住了一整天，只为挑选配大衣的扣子，比如和设计师就下季度新款讨论到深夜，再比如终于租到了一间大一点的仓库，等等。

有次我旅行回来在杭州中转，由于航班问题不得不改签，要在杭州停留 2 天，于是想约她见面。我们约在一个格调别致的小酒馆，晚上快 7 点她才从工厂赶来。

“怎么突然创业做起女装了？”我一边给她倒果啤一边问。

“不是突然想做的，我一直都想创立自己的女装品牌，从来没动摇过。”她认认真真地回答道。看我有些惊讶，她接着说：“当初离开家来杭州，就是想要贴近市场了解市场，毕竟杭州现在是电商方面资源讯息最丰富的城市。这大概是我前期准备的第一步吧。”

“我还以为是之前的工作不称心，你才辞职创业的。”

“我在杭州做过两份工作，都是做时尚杂志编辑。其实这也是我为自己创业做的铺垫，我需要不断吸收时尚讯息，掌握行业动向。”

“第一次觉得心机女孩是个褒义词呢。”

“哈哈，我为做这件事准备了大概两年的时间，父母起初是不同意的，他们觉得女孩子不必活得那么累。所以当我认为有七八成把握的时候，我瞒着家里辞了职。起初挺难的，没有团队，没有合伙人，每件事都是我自己去跟进，线上客服也只有我一人。不过还好，如今运营状况跟我预想的差不多，工作室成立后我只需要负责服装的款式和面料选择，其他的事有同事来做。”

“你一个女孩子在外创业，很辛苦吧？”

“辛苦，但是心里不苦。虽然特别累，但我每天都很开心，因为这件事是我一直以来的梦想，我每天醒来想到套装裙该用亚麻还是苎麻，衬衫袖口可以改为木耳边更活泼，打底T恤可以加今年大热的腰封设计，我就立刻从床上爬起来。真的，我特别喜欢这样的自己，如果不能去做喜欢的事，我会觉得委屈自己了。”

昏暗的灯光映在珍妮的脸上，她没有半点疲相，反而眼睛里闪着光。我拿起酒杯，“敬这世界上活得热气腾腾的好姑娘。”

珍妮大笑，“希望好姑娘永远光芒万丈。”

——

小时候，语文考卷里的作文题目，常常要我们写自己的梦想。那时候的我们，是真的以为长大后自己可以成为科学家，可以做律师，可以创造所能想到的一切。但时间会说真话，现实中那么多残酷和苟且把我们折腾得腿脚瘫软。至于梦想，早就在日复一日中磨没了。

但总有人时刻提醒自己，别忘了心中的梦想，那是你一直想做却还未完成的事。唯有不忽略自己的感受，珍惜自己内心的那份热爱，才能跟现实打个平手，不是吗？

爱自己，是从不忘记自己内心深处的热爱，在自己选择的路上面对难题、承担风险、体味苦乐，最后学会享受其中。

真正的爱自己，不仅仅是你去了那家高格调的西餐厅，你给自己买了全能乳液，又添了几件名牌新款时装。爱自己，在于你能在多大程度上尊重自己、忠于自己、肯定自己，那是一种来自内心的力量，帮你对抗最平庸的生活。更取决于你能否和自己好好相处，和世界握手言和，能否在面对世俗不堪一击的时候，在遭遇生活风浪的时候，披上铠甲去战斗。

没有能让你一夜变美的面膜，也没有能彻底扭转你人生的鸡汤。更别妄想去寻找男人的怀抱，也别抱着侥幸仗着自己是女孩向命运撒娇。恕我直言，别闹了，没用的。没人能护你周全，只有你对自己的不纵容、不放弃，每一天的进步、蜕变、成长，才能让你不断强大。只有你强大了，世界才会变得柔软。

爱自己这三个字，希望我们能好好揣着。

我们的成长，从来不是来自物质堆砌，而是来自你心底那份对自己披荆斩棘的温柔守护。

成都魁星楼街的禅泉冰粉，午后店里人还不多，

整体的日系木质风格让人一走进去就安静下来。

推荐贡梅煎冰粉，酸梅汤做糖水，加入冰冰的橘子和细细的桂花瓣。

不被生活推着走的时刻，就是好时刻。

10

注定要分别的人，要不要说“再见”？

—

要离开的人，
自己是有预感的

—

机场比婚礼殿堂见证了更多真挚的亲吻，

医院的墙壁比教堂聆听到更多的祷告。

遗憾和失去，是我们每个人都绕不过的人生课题。

告别比告白还要难，要是早知道要离别，朋友会不会更懂体谅，

恋人是不是更温柔，家人是不是要给更多陪伴，对世界是不是更容易心存悲悯？

—

接到家里电话的那天，我刚结束工作离开公司，在回家的路上。

“姐，姥爷走了。”我听见电话那头呜呜的哭泣声。

“我知道了。”挂断电话后，我觉得车窗外的路灯格外晃眼，晃得我直流眼泪，脑子里飞速闪现出记忆里关于姥爷的片段。

我 7 岁那年，姥爷在我家养病，中午送我上学的路上，会偷偷给我买妈妈禁止我吃的爆米花。

我抱着爆米花袋子，我吃一个，递给姥爷一个，他笑眯眯地看着我说：“你下午在学校要都吃掉，或者和同学分享，不要带回家让你妈知道我们偷偷买了这个。”

“放心吧姥爷，我是讲义气的。”说完我又抓了一大把爆米花塞进嘴里。

我念小学时，有一次报名参加学校运动会的家庭接力跑。爸妈因为工作，都没能来参加。在我以为自己要被取消资格的时候，姥爷提着一兜零食出现在操场，在近千名学生里寻找我。

“姥爷，一会儿你把接力棒递给我，不要给错人了。”

“知道的知道的。”

我记得那天我们得了第一名，奖品是一个水壶和一个文具盒。在夕阳的余晖下，我美滋滋地和姥爷一起走回家。后来因为这件事，我被爸妈责骂了一顿，他们认为我不该让姥爷陪我跑接力赛，这样很危险，完全没有顾忌姥爷那时候已经是一位 70 多岁的老人了。

我 20 岁那年，买了两坨毛线，织了两条围巾。一条送给当时喜欢的男孩子，另一条送给了姥爷。

“姥爷，这是我送你的新年礼物，等我以后赚钱了，给你买更好的。”

“这个就挺好，暖和。”姥爷坐在床边，一边系围巾一边说。

念大学时我离开了家，毕业工作后一年只回家一次。每次我妹妹去看姥爷，姥爷都会问她：“你姐什么时候回来？”我妹妹便假装生气：“姥爷你也太偏心了吧。”姥爷就眯起眼睛笑。

这几年，每一次匆匆回家又匆匆离开，我都会和姥爷说：“等我下次回来。”他会点点头。我在门口穿鞋要走的时候，姥爷在沙发上，用胳膊使劲撑着自己，跟我挥手。

唯独我们最后一次见面，当我说“姥爷，你要按时吃药，我五一假期回来”时，姥爷没有点头。我以为他没听清我的话，我又重复了一遍，他只是看着我，没有任何表情。

那天走的时候，我像从前一样，穿好鞋站在门口，回头看他，那一次，他没有看我，而是背对着我躺着。

现在我才明白，他知道自己等不到我回来再见他了，所以他没有点头答应我。这个从小给我最多偏爱的倔老头，他不想骗我。

要离开的人，自己是有预感的。

我以前觉得朋友圈里转发医学奇迹的人很蠢。什么查出绝症，隐居山林就好了；被推到火葬场突然又复活；用了哪些奇奇怪怪的偏方康复了。

在听到姥爷离世的那一刻，我希望这些都是真的，总会还有办法救活他。

小时候我对死亡是无感的，看到电视剧里讲“人死不能复生，节哀顺变吧”，只觉得冷漠。长大后经历过亲人的离世，才明白那种隐秘的痛和幻灭感。只一秒阴阳相隔，已经遥远得再也见不到。

人生好像到了某个阶段后，生活就会开始给我们做减法。他们匆忙地从你生命里路过，从人生的列车下站，甚至还未叫醒酣睡的你。没有告别，没有拥抱。

你以为你会拥有的，偏偏就是消失得很快，快到你还来不及眨眼睛就溜走了。所以你知道了吧，电影里演的大多是骗人的。真正的离别没有电影里的催人泪下，也没有含泪追火车的情节。这世间真正的离别都是猝不及防的，死亡也是必然会降临的环节。

想起电影《寻梦环游记》里的情节，人在死亡后，会在另一个世界存在着，而且有着丰富的生活。他们会在每年亡灵节那天，走过往生桥，回到家中与亲人团聚。最重要的是，逝者知道他们仍然被活着的人铭记。

记忆是灵魂的DNA，所以我想，姥爷也会在某个节日，踩着鞭炮碎屑铺就的路，回到我们身边，回到他倾注了一生心血的地方。

如果每个人都是一颗小星球，逝去的亲人就是我身边的暗物质。我知道再也见不到他们了，但他们的引力仍在。感激曾经彼此光芒重叠，而他们也永远改变了我的星轨。纵使不能再相见，他们仍是我所在星系未曾分崩离析的原因，是我宇宙之网的永恒组成。

姥爷，您比我早来这世界很多很多年，去下一个地方，肯定也要先去的。虽然我们会失散很久很久，在这很长的时间里，爆米花不会再好吃，接力赛不会再热闹，也没有针脚粗糙笨拙的围巾，但我知道，缘分很奇妙。我会好好生活，等再相见的时候，您问我后来人间如何，我会告诉你，一切都很好，唯独时常想念您。

——

这几年，常常听到这样的消息。不仅仅是自己，连周围的朋友偶尔也会说起家里患病的亲人、年迈的爷爷奶奶、要定期做肝化验的舅舅，或是风湿越发严重的姑姑等。

这时候大家会敏感又小心地相互安慰着：“年纪大了嘛，难免的，我们老了也是一样的。”

不知道你们有没有这种感觉，小时候，这种事大人们并不会特意告诉我们，似乎我们不需要也没资格去插手。如今，我们终于有了知情权，才发现，这并不是什么值得炫耀和开心的事。

“家人”是每个人的软肋，而“生老病死”不单单只是四个字，更像是生活中被蒙上一块布的钟表，“嗒嗒嗒”，从未停止。

突然想起大三那年，有天我去图书馆找室友一起去食堂，在她的自习室来来回回走了几趟，也没见着人，只看到她座位上书摊开着，钢笔没有盖好盖子，条纹的长柄雨伞挂在椅子边。

于是我发微信给她：“你在哪儿，吃饭吗？今天二食堂有馅饼。”

“我回家了。”

“这么突然要回家，上午都没听你说起。”

“嗯，我家里有人去世了。”

我不知还能说什么，只能回一句：“节哀，路上注意安全。自习室的东西我帮你收好带回去。”

“谢谢。”

从图书馆出来，外面下起了雨，这个初秋可真冷啊！

我快步跑回宿舍，室友的柜子没有关，床铺上散落了一些物品，水杯倒着，拖鞋也没有收好。她应该是回了宿舍，收拾了东西又走了。这一片狼藉的背后，是她强忍着泪水的慌乱。

很久之后，再和这位室友聊起这些事，她说：“那个当下并没有太多感觉，更多的是蒙，是麻木。难过的是在后来漫长的日子里，一件事、一句话、一个物件勾起的回忆，才会真切发现，你真的失去他了。”

离开的那个人，就像一颗拔掉的牙齿，就算那颗牙已经从我的生命里消失很久了，可它曾经连着的那根神经，偶尔还是会冒出来疼那么一下。

——

每个人，都由他所经历的故事组成。“离别”意味着要为一段你用生命和时间体验书写的故事画上句号。这个句号往往不是主动为之，而是被强行书写的。

毕竟，很少有人愿意把自己的一段经历，以及这段路上与自己有过共同故事的人贴上封条，塞进再也不会打开的仓库里。

最近几年里，我面对了许许多多次的告别，说了很多“再见”“对不起”“谢谢你”，以及没说出口的“我想念您”。

我开始学着接受一切主动或是悄无声息的告别，亲情、友情和爱情。生活会继续，它永远有它下一个阶段。

我记得，吉本芭娜娜在小说《厨房》的后记里写下这么一段话：人不可能永远和挚爱的人相聚在一起，无论多么深切的悲哀也会消逝，一如时光的流逝。

大概这就是这本书想要告诉我们的：一切都会过去，我们终将学会告别。

坦然地接受分离和告别，也是长大的一部分。面对现实，学会接受，保持成长，让自己的往后余生，过得坦然充实，坚信自己一定能够过上全新的生活。

这也是对离开的人和曾经的自己最大的慰勉。

机场比婚礼殿堂见证了更多真挚的亲吻，医院的墙壁比教堂聆听到更多的祷告。遗憾和失去，是我们每个人都绕不过的人生课题。

告别比告白还要难，要是早知道要离别，朋友会不会更懂体谅，恋人是不是更温柔，家人是不是要给更多陪伴，对世界是不是更容易心存悲悯？

在一档综艺节目里，44 岁的朴树在现场演唱歌曲《送别》。前半段，朴树还算平静，可唱到“情千缕，酒一杯，声声离笛催”时，他突然情绪失控，声音哽咽，然后转过身去，掩面大哭。

哭完以后，他没办法继续演唱，示意和声继续。他捧着话筒虚晃着身体，似乎锥心的往事涌上心头，令他万分悲痛。

我记得有的热评说朴树太矫情，这也值得哭，而另一个热评说：

“我真羡慕那些听不懂的人。”我也羡慕，真希望你们如今风华正茂，依然不懂离别的悲伤。

不懂也好，这辈子都不要懂最好。

生活中有四件事可以改变你，爱、音乐、文字和失去。前三件事让人心生希望，请允许最后一件使你变得勇敢。

后来你才发现，熬夜是缓解压力的一种方式。

爸妈睡了，孩子睡了，老板睡了，竞争对手睡了，

全世界都睡着了。

你用这好不容易偷来的时光，

赶紧做点自己喜欢的事。

11

备胎这个美梦，你打算什么时候醒？

—

恰恰是那些让你为之动容的东西，一次次地辜负你

—

他心里有你吗？也有，但你只占很小很小的一部分，

分量很轻，轻轻一拍一吹，就消失了。

就好像，在广场喂鸽子，你得到的他的爱，

只能是他手里掰碎了的一小块面包屑。

你应该做一条独一无二的锦鲤，

而不是他鱼塘里一条可有可无的鱼。

二

周同学和女神小姐的故事，我在《你的美貌不敌你的热闹》一书中提到过。

上次写到，周同学准备的表白派对在女神小姐一句“我们只是同学”后熄了火。

我和你一样，以为事情就到周同学在学校门口的小烧烤店买醉，朋友们一边为他鸣不平，一边暗戳戳地讨厌女神小姐而结束。

接下来的日子，我们经历了毕业、投简历、租房、实习，聚会地点也从校门口的烧烤摊挪到了我家楼下的烧烤摊。

五个月后，一个下着暴雨的下午，周同学在群里发了一条简短的信息：我和叶卿卿在一起了。这次是真的，这次是真的，这次是真的！

哦，对了，叶卿卿就是他的女神小姐。

至于两个人是怎么藕断丝连怎么又“勾搭”到一起的，周同学是怎么“扶正”的，大家没有问。

对于成年人来说，有时候“不问”是起码的体面。

有人久病成医，有人久爱成魔。有人脱单是“恭喜你呀”，有人脱单是“祝你好运”。故事的走向往往像天气一样难以预料，同样跟天气一样无可避免。

——

有一天我和朋友去口碑很好的甜品店打卡。期间，听到隔壁桌的情侣对话。

“就是旁边商场一楼那家饰品店，那谁谁的戒指就是在那儿买的。亲爱的，我想要项链，只要基础款就好了。”

男孩子低头挖了一勺小青提蛋糕，没有说话。

“也没有多贵，夏天了，我想买一条项链配裙子，不给我买吗？”女生语气中满是娇嗔。

“那刷我的信用卡好了。”

我装作不经意扭头看了他们一眼。

“怎么？你认识呀？”朋友问我。

“不，不认识。”

其实听到这段对话时，如果不是这男生属于偏瘦小型，我真的要以为他是周同学了。

很难得，我们这一帮朋友工作后也会抽时间出来聚。

于是，不难看到周同学和叶卿卿两个人经常出双入对。每次我们喝酒聊天，叶卿卿就坐在一旁刷手机，时不时冒出一句“××品牌上了新款”，或者“我们办公室那个“95后”的女孩又换包了，皮质真的好得不得了”。

叶卿卿就跟刚才说的那个女生一样，最常说的话就是：“你给我买好不好？”

周同学对于女朋友的要求，从来都是连眉头都不皱一下，每次都会笑着说：“喜欢就买吧。”叶卿卿就会“吧唧”在周同学脸上亲一口，然后继续刷手机。

毕业后的叶卿卿在一家电商做文员，而周同学则当了一名英语老师。两个人的收入倒还好，但是这个“还好”根本经不起叶卿卿折腾。她自己工资不高，拿着周同学的信用卡，有喜欢的就买，就连双十一和 618 这样的和传统节日不相干的日子，叶卿卿都要周同学送她礼物，说这样更有“仪式感”。

要不是看到他手里的一叠信用卡，我真要以为他是偷偷做了什么非法的营生。每到这种情况，我们就低下头吃饭，假装没听到也没看到。

——

后来，饭局上多了一个叫阿夏的女孩，是周同学拉来的。

周同学和阿夏认识的过程也很戏剧化。地铁 1 号线的晚高峰能挤到什么程度呢？一前一后站着的一男一女，女生的口红唇印能印到紧贴着男生后背的T恤上，加量三明治能给你挤成印度薄饼。

呼吸困难，令人暴躁，有时还能嗅出汗液和人类皮肤分泌物的混合味道，阿夏一脸生无可恋地扫描了一下车厢里的“人体肉夹馍”。

有个猥琐男竟然在偷拍他前面的女生，看那女生的打扮像个高中生，正专心玩手机完全没意识到身后的风险。

阿夏“排除万难”挤到女生旁边，小声说了句：“小心，有人偷拍你。”

猥琐男恶狠狠地瞪了阿夏一眼，说：“我告诉你说话当心点，造谣信不信我抽你。”

胆小的阿夏立刻慌乱起来，心想：三十六计走为上策，保命重要。

此时，一个高个子的男生硬是从像粘了强力胶水的人形波浪中挤了过来，他用手指着猥琐男：“你一个大老爷们儿不干正经事还有理了？要动手？那就试试！”

猥琐男一见高个子男生气势逼人，车门一开，赶紧跳下车，像个逃窜的过街老鼠。没错，这个高个子男生就是周同学。

“谢谢你啊。”

“没事儿，这种欺负女孩的人不用怕。”

“可是刚刚要是真的打起来了怎么办啊？”

“那就是男人之间的较量了，哈哈！”

“我在桐辛南路下，你呢？”

“啊？我也是。”

“要不一起吧……”

“好的。”

据说那天两人下了地铁，在傍晚的夜色下，吹着晚风走了好长一段才说“再见”。这期间两人互相介绍了名字，交换了微信。阿夏跟周同学成了朋友，周同学把她拉到我们的群里，从此只要聚餐，我们就会叫上她。

阿夏个子小，声音也小，每次吃饭都抱着杯子喝水，不怎么说话，只是跟着我们傻笑。时间一长，她也了解了周同学和叶卿卿的故事。

关于叶卿卿心安理得花周同学钱的事，一个愿打一个愿挨，作为朋友不能说什么。偏偏酒精害人，有一天大家喝得有点多，一个朋友问叶卿卿：“你一个月工资多少呀？”

叶卿卿愣了一下，“你问这个干什么？反正我想要什么，我男朋友都会给我买的。”

我在桌下使劲踩朋友的脚，也没拦住她的下一句：“周周，认识这么多年，我都不知道你是个富二代啊！”

周同学面露尴尬，眼看踩脚没用，我又拉了拉朋友的衣角，示意她差不多得了。

谁知叶卿卿不嫌事大地补了一句："有的人倒是想花男朋友的钱，可上哪儿找男朋友呢？"

看着朋友的脸色一点点变僵硬，我们赶紧打破这阵可怕的沉默。话题是岔过去了，但那之后，这个朋友再也没有参加过我们的聚餐。

她说："周周早晚会后悔的。"

——

周同学会不会后悔我们不知道，看他的样子，不像。

他一边任凭女朋友刷着他的信用卡，一边拼命赚钱，填补那几张信用卡的账单。有段时间的聚餐，他都没来，听说是下了班要去补习班教课，晚上回到家还兼职线上教学，一个星期加起来只睡了不到十个小时。

就在这种状态下，周同学还答应了叶卿卿的要求，给她换了一个新的包。这个包的价位，是我 3 个月的工资。

有次周同学在上课的时候晕倒了，同事把他送回了家。他高烧 39 度，在床上躺了三天。

我们去看他，他家里一团糟，化妆品、衣服、包，扔得到处都是。

“叶卿卿呢？”

“跟朋友去重庆看演唱会了。昨天刚走。”

我们几个互相看了一眼，什么都没说。我开始给他收拾屋子，阿夏去厨房煮了清粥，炒了几个小菜。

我们坐在餐桌四周，看着周同学狼吞虎咽地吃完。

一个朋友说：“你再宠女朋友也要有个限度吧，拿命换钱不是开玩笑吗？”

周同学笑笑：“她要的，我就想给她。”

“有病！”

“傻！”

“脑子坏了！”

周同学把最后一片菜叶塞进嘴里，抬头问我们：“你们最近有人给我寄东西吗？”

我们白了他一眼。周同学接着说：“奇怪，最近总是收到保健品，护肝的、护眼的，还有维生素。”

临走时，阿夏还是一贯的轻声细语：“你自己多注意身体。”

作为一个经常探讨情感问题的作者，我偶尔也会问自己，周同学这样做对吗？或者说在这件事上，对错重要吗？

——

闷热的夏天终于接近了尾声。

阿夏主动申请去了深圳的分公司，由于走得匆忙，忘带了几本书和她最爱用的咖啡机。

"下周我要去深圳参加朋友婚礼，东西我帮你带过去吧？"我打电话给阿夏。

"麻烦你啦，我把家里入户门密码给你。"

在阿夏家里打包东西的时候，我发现了一沓快递单，上面的收货地址是周同学的家，收件人是周家明。

我和阿夏约在商场一楼的露天餐厅见面。

"为了谢谢你帮我带东西，这顿我请，别跟我争了。"

"那我要点贵的。"

"大家都好吗？周周……最近怎么样？"阿夏低头猛吸一口冰美式。

"阿夏，我在帮你打包的时候，看到了你的快递单。"

"看来，被你发现了……"

"这么长时间，我都没看出来你喜欢周周。"

阿夏不说话，只是点点头。

“你有没有把心意透露过给他？”我试探着问。

阿夏睁大眼睛：“那怎么行？他有女朋友的，我不能打扰他。”

“再说，不是所有的喜欢都能说出口，不是所有的想念都能让对方知道。你书里也是这样写的啊。”

好吧，我还是第一次被自己写的东西噎住了。

“喜欢人不犯法。我只想在合适的范围内，为他做一点我能做的。也不知道这些东西有没有用，至少能让他健康一点吧。”阿夏的眼睛看向远方。

结账回来，阿夏说：“走吧，我送你。还有就是，刚才那些话，你可以不告诉周周吗？”

我看着阿夏，好像还是第一次这么仔细地看这个女孩，清秀的脸蛋，黑豆一样的眼睛，眉目温柔。

我点点头：“好，我答应你。”

“我认识周周的那天，也是这样的晚风，轻轻地、没声响地吹。”阿夏自顾自地说着。

——

又过了几个月，和天气一起凉的，还有周同学的爱情。

据说有段时间他因为太累了，眼压过高，看东西一阵一阵模糊，还恶心呕吐。医生叮嘱他一定要好好休息一阵。他辞掉补课班的工作，线上授课的课时也减少了一半，自然少了一大笔收入。

叶卿卿想买一双 YSL 的新款高跟鞋，在第三次被周同学拒绝这个要求后，在家大吵大闹，说他不爱她了，说他没本事，要他上交所有的积蓄和信用卡。

周同学呆呆地看着她，好像在看一个不认识的人。

恰恰是那些让你为之动容的东西，一次次地辜负你。

“那些信用卡怎么办？”

周同学笑了两声，伸了个懒腰。“唉。”他叹口气。

“你不是打算自己还吧？”

“嗯。”

“有病！”

“傻！”

“脑子坏了！”

“你看我们群，大家忙工作、忙出国、忙生孩子，就剩我们几个还能抽空见面。以前总给我寄保健品的那个人，后来也没寄了。”说完，周同学转了转手腕上的表。

“你还没弄清楚是谁寄的吗？”我试探着问道。

“问了几个人，都说不是，你不会知道吧？”

“我怎么会知道，哈哈。”我不敢抬头看周同学的眼睛。

那天我们在酒吧坐了很久，夜色、晚风还有秋天最后一批倔强的蚊子。

其实我是有点后悔的，后悔答应阿夏帮她保密。但周同学真的不知道是谁寄的东西吗？

——

听说分手后叶卿卿给周同学发了一条很长的微信，陈述了这些年两人的感情过往，谢谢周同学爱了她许多年，也承认了自己不是适合他的女孩。末尾还有一句“对不起”。

有些对不起，就像机场延误时广播里的那句“抱歉”，像瓶盖上的“谢谢惠顾”，都是空乏的礼貌用语，毫无感情却让人无法反驳。

后来偶然间，我看到阿夏、周同学和叶卿卿三个人的微博签名。

阿夏：大雾四起，我在无人处爱你。

周同学：我做不到及时止损，但心甘情愿自负盈亏。

叶卿卿：人类有三件事没办法隐瞒：咳嗽、贫穷和爱。越是隐藏，就越是欲盖弥彰。但实际上，还有一件，那就是不爱。

——

感情里最猝不及防的事，就是被人当成备胎。

他心里有你吗？也有，但你只占很小很小的一部分，分量很轻，轻轻一拍一吹，就消失了。就好像，在广场喂鸽子，你得到的他的爱，只能是他手里掰碎了的一小块面包屑。

一个人喜不喜欢你，有没有用心，其实是可以感受得到的。

喜欢是一种特别的情感，强度和浓度都不同于其他普通人际关系，只是有时候我们假装感觉不到。

你应该做一条独一无二的锦鲤，而不是他鱼塘里一条可有可无的鱼。

七月盛夏的夜晚，在一间叫作“时间之外”的酒吧，

分享的秘密在一杯长岛冰茶、

一杯特调威士忌和一小碟坚果中消化。

嘘，不要被第三个人听到。

12

你有没有因为肥胖而自卑过?

—

但凡精致好看的，
都是暗地里下过功夫的

—

瘦这件事到底有多重要?

坦白说，对我很重要，但对你未必。

如果你不喜欢漂着油腥的生活，那你可以为自己努力一把。

可如果你觉得身材如何对你的生活并没有什么不好的影响，

那么当个开开心心、随心所欲的吃货没什么不好。

毕竟这世间的女孩子，无所谓美丑，皆是花朵。

—

开篇先问一个直击灵魂的问题：你觉得自己长得好看吗？

敢非常自信地说“我觉得自己非常好看”的人大概没有几个。大部分人的回答差不多都是：可能还可以吧。在这大部分人里，也包括我自己。

看过一个调查，在两万多份的有效问卷中，只有 1% 的人表示对自己的外貌非常满意，而对自己外貌不满意的人则占了 35%，非常不满意的人占了 4%。剩下的人觉得自己长相马马虎虎、不上不下，自己也说不清楚。

另外，在调查中，超过 60% 的人认为外貌形体非常重要，只有 2% 的人认为不重要。这就能充分说明，现在大家对外貌的关注度已经越来越高。

所有女生都希望自己可以更美一点，更瘦一点；所有男生都希望自己头发多一点，身材再结实一点。

女生渴望永远娇嫩，男生渴望不要油腻，然而这世界从来就没有不劳而获的如愿以偿。顺其自然是骗人的，人越长大，不是老就是胖，但凡精致好看的，都是暗地里下过功夫的。

——

你有过当胖子的烦恼经历吗?

我有过。

我不会忘记一起玩的小伙伴总会在放学回家的路上一直揉捏我的胖胳膊，她觉得捏胖乎乎的胳膊很有手感，却全然不顾我心中的烦躁、不悦。

不会忘记年级拔河活动的时候，老师挑了我上去和男孩子们一起比赛。

不会忘记圣诞节全班只有我一个女生没有收到礼物。

不会忘记因为没有合适尺码的裙子而错过晚会的舞蹈表演。

“胖”似乎成为我青春时代挥之不去的阴影，我一直陷在这样的自我否定中，周而复始了许多年。

如今，再没有人用“胖”这个字来形容我，我拥有了更多件S码的衣服。

可如果你问我:“这几年你一直在坚持的事情是什么?”

“减肥。”

是的，仍然是减肥。从24岁到这一刻，我从未停止。这也就不奇怪，为什么在我的每一本书里都有关于身材管理的讨论。

——

以貌取人已经不是什么新鲜事，以貌待人也是经常发生的事情。所以，一味标榜内在而忽视美貌，也是一种肤浅。

谈恋爱这件事对胖子挺无情的，你想要男神做男友，首先你也得修炼成走路带风的小仙女。不然对方得有多厚道，才能透过你邋遢的外表，去体味你那颗温暖善良的心。无论你是谁，都别忘了给你喜欢的人一个接近你的理由。

大璐璐和一男生在游戏群里认识，单独加了微信后，聊了三个月，从打游戏的技巧聊到饮食起居，从综艺节目聊到经典电影，可谓是话题投机，暧昧升温。

因为是异地，两人都盼望着约会见面。这个网上认识的男生经常发红包和网购礼物送给大璐璐，单支口红没诚意，要送就送套盒，没见面就已经花了不少钱。

大璐璐心里暗自窃喜，觉得天上掉下的馅饼，这回算是砸中自己了。那天，晚上 8 点多，大璐璐落地对方城市的机场。大璐璐匆忙赶去约好的酒吧赴约，坐大巴的时候，还在原本就厚重的妆容上又补了一层粉。到酒吧门口的时候，两人还通了电话，但转眼男生就失联了，微信和电话全都拉黑。

这是……凉凉了？大璐璐心里犯嘀咕。

“说好了见面，临阵玩消失，明明就是渣男。”大璐璐委屈极了，后来又托朋友联系男生，想要问个究竟。

结果男生的回复是：“别再说玩弄感情什么的，她自己什么样心里不清楚吗？”

随即，男生发过来两张照片，一张是大璐璐在吧台低头玩手机、吃薯条的照片，一张是她之前发在朋友圈看画展时摆拍的照片。

男生表示，他见到的大璐璐，根本就不是朋友圈里小腰不堪一握，裙边在脚踝处轻飘飘的样子，而是一个身高一米六、体重将近150斤的胖子。粗壮的胳膊，牛仔短裙挤出的肥肉，当季流行的绑带凉鞋穿在大璐璐的脚上，肉被挤出一条条来，真的很像渔夫，这让男生连走过去打招呼的欲望都没有。

大璐璐不服气，说：“只远远看一眼，就否定一个人，这个看脸的世界还能不能好了？我过人的内在，他都还没来得及了解呢。”

那时候的大璐璐还不明白，多出来的赘肉时时刻刻都在暴露自己的懒惰、放纵和无知。或许我们都会有这样那样的缺点，但让自己如此糟糕的外在毁掉了原本还不错的内在，那真是最大的遗憾。

你总说要找到那个爱你灵魂的人，其实我们心里比谁都清楚，没有好看的皮囊，很难有什么人真的愿意穿过你的外在去欣赏你不凡的内涵。平心而论，连我们自己都会朝那个好看的人多看两眼，不是吗？

你弱，他就渣。如果你曾因为肥胖丢失过爱情，那么多年以后你一定会渐渐明白，那种由深爱一点点变成无奈的行为，是因为你先不爱自己，他才无法继续爱你，这并不是他单方面的错。

—

网恋奔现失败后，大璐璐又走了一条错路——节食。

大概是伤了心的人对自己就特别狠。她早上只喝一杯脱脂奶，午饭不吃米、不吃肉，只吃玉米和西红柿，晚饭几乎不吃，再配合减肥药，三个月后，她的体重足足减了 43 斤。

暴瘦后的她变得快乐了吗？并没有。

疾病开始一个接一个蜂拥而至。她得了浅表性胃炎，再接着是月经不调，最后是躁郁症。她的情绪极易失控，脾气暴躁，经常失眠。

后来不得不在医生的建议下服药，调解作息。最令大璐璐沮丧的是，她在恢复饮食后，体重又反弹了回来。

大璐璐的减肥经历告诉我们，错误的减肥方法会伤害你的身体，使免疫力下降，疾病会乘虚而入。

脂肪不是一夜之间堆积出来的，人们反而希望它能一夜之间消失掉。其实快速减肥减下的只是身体里的水分，并不是脂肪，更可怕的是，快速减肥还会让你的内分泌失调。

正确的减肥是每天保持规律的作息，严格地控制饮食，结合适合自己的有氧运动与无氧运动，每天坚持，这样才不会反弹，也不会伤害你的身体，反而会让你拥有更加健康的身体。

不挨饿是大原则，但还是要管住嘴的，我们要吃饱，但不是所有好吃的东西都要塞进肚子里。你对自己的身体健康负责，就是对你的人生负责。

——

“吃”对我来说一直是生活里很重要的一部分。

直到现在，吃好吃的食物对我来说依然重要。体重达到目标后，我开始长期的体重维持，炸鸡、火锅、冰激凌我都会吃，但我会减少摄入量。偶尔也会放纵，在深夜点一份小龙虾当夜宵。可是，吃过后，我会跳上椭圆机，狂蹬一个钟头来消耗热量。

保持体重不是让自己彻底放弃享受美食的乐趣，不是什么都不吃，而是要有选择地吃。

水分和维生素要足量，碳水和糖分更要控制。每天早晨洗漱后我都会称体重，体重一旦上浮 2 斤，我就会调控自己，尽快回到标准体重上。

很多人都觉得是因为胖很痛苦，所以才要用力摆脱。

从前我也以为是这样，可当我瘦下来后才发现并不是。人人都觉得胖最痛苦，但其实胖最痛快。你想呀，饮食不用克制，作息不用自律，无非就是后果自负，但若你能看开，不在乎别人的眼光，不过分苛求外貌，这后果也没什么。

瘦却恰恰相反，那些看起来自带仙气又美好的人，别人永远不知道他经历了怎样的挣扎。

还有一点很重要的事，就是随着年龄的增加，我们新陈代谢会放缓。过去你三天不吃主食，腰围就可以瘦一圈。现在你一个礼拜不吃主食，也只能瘦二两。总是想着“明天再减”，意味着你以后要为此付出更大的代价。

如果你到了 30 岁成了一个灵魂有肉香的人，那你不是输在出身上，而是输在了后天的自我管理上。自我放纵一时爽，却意味着你以后要为此付出更大的代价。

今天就减肥，总好过明天后悔。

你若想要征服自己的人生，首先低头看看自己肚子上的那一圈肥肉。当然不是说胖点就活不下去了，只是，你要继续长期忍受别人的轻视、好运的不眷顾，以及暗恋的人的熟视无睹。如果你想更加真切美好地去体验这花花世界，那你一定要想尽办法变美变瘦变好。

白雪公主是因为美貌被王后嫉妒，但同样也是因为美貌被猎人放走，被小矮人收留，被王子吻醒。你品，你细品。

——

现在会觉得，感情里的那个“如何才能被爱”的问题，真的很没劲。

恕我直言，只要你更耀眼了，得到关注并不是难事。哪怕我们内心深处都觉得看脸其实很无趣，但真能接触到好看的人时，就会即刻原谅自己这种肤浅的心动。

出门的时候，化一个稍显精致的妆，包里再带上两支口红，穿上初春时刚入手的那双高跟鞋。纵然是加班，也要把自己收拾得干净得体。回到家后，请拒绝那些垃圾外卖，点开运动 APP 抻抻腿瘦瘦腰好吗？

再忙再累，也要抽出时间让自己美起来，你总不能既没钱，又单身，又“胖若两人”吧。

“让自己变好”这话快被大家说烂了，但它真的不是一句空话。并不是你今天健身了，前天敷面膜了这么简单，而是要持续地做好该做的小事，比如认真学习、保持健康、讲究穿搭、坚持护肤，对自己的健康和美丽付出时间和精力，这很重要。

泡夜店、打耳洞、文身、买醉这些事看似很酷，其实一点难度都没有，只要你愿意去做就能做到。更酷的应该是那些不容易做到的事，比如看书、健身、赚钱、用心爱一个人。这些才是在常人眼里无趣且难以坚持的事情。

网上都在转载的那句话这样说：喜欢一个人始于颜值，陷于才华，忠于品格。

你听听，是始于颜值。如果你和他没有后来，那多数原因是“死于”颜值。你相信我，变瘦、变美这件事有着某种特殊力量，你减的不是肉，是对生活的抱怨、不堪、曲解和苦痛。你获得的也不只是马甲线，而是对生活的自信、积极和斗志。所以，胖着玩玩这件事，希望你不要太贪玩。

没人知道你的口红是香奈尔、迪奥、圣罗兰还是汤姆·福特。也没人看清你腰上的古驰、LV是真是假，钱包里有钱还是有卡。但你是大饼脸还是小V脸，有腹肌还是水桶腰，翘臀还是扁塌，五米之内一目了然。

你过得好不好，别人未必知道，但是你一胖，别人立刻就能看出来。

如今和过去的朋友再见面，他们会说：“你瘦了好多。”

我都会笑着回应：“嗯，过去我好胖啊！”

那些经历过的自卑和无助，在这几年挨过的饿和流过的汗中代谢掉了。我不再厌恶从前胖胖的自己，那是属于我的真实的、必须要面对的过去。

大腿上留下的纹路像曾经受过伤的疤痕一样，不断提醒自己曾经是个胖子。

可是我爱这个小胖子，她没有放弃和纵容自己，她从肥胖的噩梦里爬出来。别人只看她从XXL码变成了XS码，只有我知道，她的灵魂也在跟着变强，于是才有了今天的我。

瘦这件事到底有多重要？

坦白说，对我很重要，但对你未必。

如果你不喜欢漂着油腥的生活，那你可以为自己努力一把。可如果你觉得身材如何对你的生活并没有什么不好的影响，那么当个开开心心、随心所欲的吃货没什么不好。

毕竟这世间的女孩子，无所谓美丑，皆是花朵。

菌汤锅温补，番茄锅酸甜，

麻辣锅爽利，冬阴功别有滋味。

世界上有 90% 的烦恼都可以通过一顿火锅来解决，

如果不行，那就吃完再想办法。

别怕，就算全世界都与你为敌，食物也会站在你这边。

13

是我们矫情，还是别人无趣？

—

做不到有趣没关系，但你不能无趣还讨人嫌

—

这世界永远有人被时间推着往前走，

过着“25 岁已死去，75 岁才入土”的生活。

但还好有像你这样的人，抱着“生活虽然苦，但是我甜啊”的乐观，

懂得用另一种方式刷出自己的存在感，

勇敢地保留着对生活的好奇心和对自己的那一点“小讲究”。

—

“有趣的灵魂”这几年成了热门词。不过“有趣”这事因人而异，很难下定义。

朋友酒吧开业，大家约好一起去热闹热闹，于是认识了仔仔。仔仔在众人的聊天中不断穿插各种抖机灵，还沾沾自喜，觉得自己幽默感爆棚。聚会结束后，仔仔主动要几位姑娘的微信，却遭到了不约而同的婉拒。本以为就此算了，后来听说当天晚上他在朋友圈发了一条动态：“看不到我有趣灵魂的人，真的是肤浅至极。”

我没看错吧？

到底是我们无趣，还是他讨人嫌？

聚会期间，一个姑娘聊起自己想和朋友一起去西藏，去参拜神圣的布达拉宫。仔仔立刻接上一句：“你没看网上的视频吗？去一趟西藏个个被风吹日晒成黑驴。”说完接着笑嘻嘻地抖着腿，丝毫没注意姑娘大大的白眼。

旁边的朋友打圆场：“文艺青年嘛，大多有西藏梦的。”仔仔又立刻接上一句：“‘所谓文艺青年，大多无所事事’，哈哈，这可不是我说的，是鸡汤里说的。”然后沾沾自喜地给自己倒满酒。

几度尬聊冷场后，仔仔或许觉得自己应该担任起活跃气氛的作用，于是找了十几条“三俗”恶搞视频给我们看，告诉我们这些是自己收藏的宝贝，每天睡觉前都要刷一会儿。大家纷纷黑脸。

我觉得，一个人如果做不到有趣也没关系，毕竟这不是对每个人的硬性标准，最怕的是无趣还闹腾。

有趣的人一定是具有情商的，被大多数人所接受的。

这样的人必然是眼界开阔，能理解和融入多元的世界。这样的人有自己的原则，交际与处事的方式是能够让别人舒服和接纳的。随口搬弄网络鸡汤，在群里分享恶搞视频，顶多说明你花在网络无用信息上的时间太多而已，跟幽默、有趣扯不上半点关系。

人人都想拥有有趣的灵魂，毕竟好看的皮囊大多靠天赐，灵魂还能后天养成一下。只不过一个人的“有趣”，根本不是靠自己给自己贴标签就能成立的。

有趣是一个人思维和内涵迸出的火花，并恰好被身边的人欣赏，自发鼓掌称赞，而不是一场自卖自夸、刻意加戏的表扬。

——

一个有趣的人，或许不是泛泛而谈的哲学家，但一定是翻着花样的生活家。

Nicole 就是那种把平常日子过出花来的人，作为平日里忙得团团转的营销经理，她在该放松娱乐的时候，真真儿半点都不会含糊。

她不会闲散地打发时间，可以用来消遣的事很多，比如玩滑板、摄影、DIY 手工艺品、做音乐节的志愿者，再抽空跳一个小时的舞蹈。她的床头堆起高高的一摞书，睡前阅读摘抄，周末无事不需要外出就啃老电影，豆瓣小站里她写的影评已经超过五百篇。

因为热爱美食，经常会在博客里分享自己的做菜心得，将每道菜拍摄得秀色可餐。去年我生日的时候，她亲手画了一幅我和我家狗狗的合影送我。

有次我们一起去小动物收容站，打扫完笼舍后，我看见 Nicole 正在和一只小狗对话，“你长得真好看呀，顺顺的毛发，圆圆的眼睛。没有主人不要伤心哦，我会常常来看你的，如果你也喜欢我，你就‘旺’一声。”

见我哈哈大笑，她眉头一皱：“你不懂，它懂。”

圣诞节的时候，我去 Nicole 家做客。

一进门就看到圣诞花环，诺贝松为环，点缀了圣女果、木槿花、蔷薇果、女贞、桂皮和松塔。米黄色墙纸，碎花双人沙发，墙上挂着她这几年各地旅行的照片。电视柜旁边放置着一棵圣诞树，树上挂满了小铃铛和彩色灯泡，树下还有礼物盒和可爱的麋鹿。

“盒子里我装了礼物哦，你可以挑一个。还有一个菜，马上就开饭。”她一边说着，一边熟练地系上围裙。她做饭的时候，我倚在一旁看着她。浅色家居服，干净得没有一点污渍。她娴熟地切菜、下锅、翻炒，这面容姣好的姑娘在做饭的时候带着亲切的烟火气。

有趣不仅仅是幽默，而是那个人的行为总在别人的意料之外，又不离经叛道，有些意外但又让人喜欢和好奇。

我欣赏能在生活上从家具布置到一日三餐都不厌其烦地精致的人。周末的时候，Nicole 会在家给自己泡上一壶明前西湖龙井，加上初秋的桂花，一口饮尽四季。

工作日午休时会去星巴克喝一杯咖啡，和黑围裙店员倾诉一下自己每次做手冲咖啡味道都不一样的苦恼；会为了一顿像样的早餐早起半个钟头，在熟度刚好的煎蛋上撒上细细的黑胡椒粉。

当大家把生活过成匆忙的流水席，在凌乱的出租屋里凑合日子，不走心地糊弄工作，疏于经营每一段交情的时候，Nicole 愿意用心去对待每一件小事，努力把生活的每一个瞬间都贴上“美好”这个标签。

热爱生活的人，未必天天高喊着正能量，修炼着高大上，而是于生活的细微处有那么一点不一样。一蔬一饭也能看到英雄梦想，一朝一夕也能发现难得的生活品质。

林徽因是民国时期的美貌才女，在结婚之后，她依旧像一颗钻石一样打磨自己，每一面都光彩熠熠。

我在书上读到，林徽因热爱运动，会在天气晴朗时，穿上英姿飒爽的骑马装，去郊外骑马踏青；她爱好写作，既写学术性论文，也写小说散文；她在学校做老师，还尝试做翻译；她在家摆弄花草，也爱音乐舞蹈……

她让自己进入不同的领域，不断填补每一种自己生活里还缺失的元素，为自己不断注入新的活力，来支撑她美丽的皮囊。这大概也是她被世人与时光铭记的原因吧。

——

好了，接着说回 Nicole。

她虽然自己可以玩得不亦乐乎，但并没有让家人安心，毕竟她还单着。在家里人三令五申的逼迫下，Nicole 去相亲了。可惜那个男孩什么都好，有房有车有存款，却偏偏没能入得了 Nicole 的心，因为 Nicole 深信王小波那句：一辈子很长，要和有趣的人在一起。

曾在网上看到过一个网友分享的经历："我因为工作的事情心情不大好，女朋友跑来问我怎么了，我当时心烦说了一句，我们男人的事情你们女人不懂……当时听完这句话，她转身就走了。我以为她生气了，刚想安慰她，没想到这傻姑娘从洗手间里晃晃悠悠地走出来，画了一脸大胡子，踮起脚尖，钩住我肩膀，装作男人说话的样子说：‘嘿，兄弟，你怎么了？’对视几秒后，我们都笑得在地上打滚，之前心里所有的雾霾都被她驱散了。”

你看，因为有趣的人的存在，生活中的小烦恼不仅不会变成大爆炸，还会化为意想不到的情趣。

爱情始于五官，陷于三观，忠于有趣的灵魂。生活避免不了平淡乏味，沧桑岁月损耗的不仅是容颜，还有激情。

谁都渴望爱情的无限保质期，但这不只取决于对方是否长情，还取决于你有没有给对方足够的“爱的材料”，是否有自我更新的能力。爱情呀，才不是一次性丢给对方一本又厚又重的书，逼迫两个人相看两不厌，读到边角破损，而是不断撰写新的篇章，永远牵动他的好奇心。

颜值高、身材好并不能成为出众的绝对因素，而“有趣”会成为一个人独特的自我标签，使他无论身处何地都能轻而易举地让生活闪闪发光。

一个有趣的人，他不一定必须具备深厚的学识，但他的内心必然是丰富的；他不一定走过很多的路，但他的生命中必然一直有故事在发生。我们这个世界永远不缺少各式各样的人，可唯独有趣的人最难遇到。

只要长得不差，稍加打扮，就能拥有好看的皮囊。而温柔有趣的灵魂不仅百里挑一，更是打扮不来的。所以才说“好看的皮囊千篇一律，有趣的灵魂万里挑一”吧。

希望你的“自我”永远“嗞嗞”地响，翻腾不休，就像火炭上的一滴糖，与世界发生一场异彩纷呈的相逢。也希望在有生之年，你能幸运地成为别人生命里的某某。

——

二十几岁的女孩大多是这样，大学毕业没几年，一个人在外闯荡。朝九晚五，月入3000+，生活简单，朋友两三。吃饭前你会摆好餐盘，下班后买菜又买花，周末报了瑜伽班。

你说你想过不将就的生活，但在好多人眼里，你一定过得“矫情”极了。

你大概听过无数“过来人”的嘲笑和教育，他们会告诉你生活艰辛着呢，没有美貌和才华的人简直寸步难行，而你这样的小情调根本毫无意义。

是的，这些无用的小事确实不能带来什么即刻的好处，可有温度的生活就应该是在每一个当下都能满心欢喜地享受并热爱着。

你或许没有足够的钱去周游世界，但即便是周末带着自己做好的糕点，叫上三五个好友去郊外踏青采风，又何尝不是一种惬意？

你或许无法抽出时间和精力去学习从小就喜欢的小提琴，可是穿上自己心爱的裙装，去听一场音乐会也并不是不可能。

你或许不会骑马，不会打高尔夫，那么下班回来的路上顺手买一束十块钱的花摆在家里，买一盒水彩在单调的花盆上随性涂鸦，将秋天公园里的落叶带回几片，剪成不同的形状，等水分蒸发后做成书签，都是对无趣生活的一种抵抗。

你可能赚得不多，也不够漂亮，但那又怎样？人生又不会因此垮掉。还好有像你这样的人，抱着“生活虽然苦，但是我甜啊”的乐观，懂得用另一种方式刷出自己的存在感，勇敢地保留着对生活的好奇心和对自己的那一点“小讲究”。

当有人喜欢把好运交给美貌、把心灵交给鸡汤、把爱情交给星座、把人生交给拼爹的时候，希望你能明白，只有你亲手焐热的人生，才真的属于你自己。在跌倒一万次后，希望你仍会笑着说“我知道这很令人难过，可这就是人生呀”，然后轻巧自然地爬起来，拍拍花裙子上的灰尘，继续奔跑。

假如每做一件事都要衡量利益得失，人活得该多累，生活该多没劲呢。

生活，生活，活着就该体会到讲究生活情趣所带来的心灵愉悦、放松、舒畅和幸福感。

生活会用平淡消磨我们的热情，做一些无用但喜欢的事，适时地取悦自己，唯有这种情趣能让你跟强悍的现实打个平手。

希望你的每一天都平安喜乐，你遇到的每个爱人都是好人，你不会再受伤再难过再失望，你可以依旧疯狂自由、肆无忌惮地远走他乡去流浪；希望你可以比任何人过得好，至少不能比任何人过得差，你也要相信自己配得上美好的一切。

世间万物，花是花，草是草，愿你有一天也可以凭借自己的努力向生活摆出喜悦的姿态，愿你的血液可以为美好的人、美好的事而流淌。

幸福没有标准答案，快乐也不是只有一个办法。自己喜欢的日子，就是最好的日子；自己喜爱的活法，就是最好的活法。

当整个城市陷入漆黑，不管这一天有多难过，都希望你能安安稳稳地钻进被窝，等待一个明亮的早晨，去遇见这世上更有趣、更可爱的自己。

14

讨厌我的人多了，你算老几？

—

只会讨厌没有意义，从讨厌的人身上学到点东西才有意义

—

世界那么大，总有人给你难堪。很多时候我们首先选择无视和忍让，

但如果对方一再得寸进尺，无底线刺痛别人的时候，

那么谁都可能是一只软柿子包着的刺猬。

——

说说那些我被别人讨厌的事。

作为一名十八线小作家，我很少经营打理自己的微博，偶尔会看一下私信留言，和读者聊几句。有天午餐后我登录微博，在私信里看到几条让我一时难以消化的留言。

“早上心情很不好，看了你的书，心情还是没有好转，于是决定来微博吐槽你撒撒气。”

“写的东西这么烂，一看就知道你是没读过书的人。”

“垃圾，讨厌你。”

看名字完全不认识，点进主页里也没有任何印象。当时心里的第一个念头是：可能自己的文字真的不够好吧。第二个念头是：算了，不回复了。

于是关掉页面，自己默默难过了一会儿。

第二天，这个人又在我的微博下留言：买了你的书简直就是浪费钱，还不如去看某某写的东西，那才是真正值得阅读的文字。

当时我也好奇是哪位作者，于是顺着线索去搜索，结果发现她推荐的那位作者只在简书上有少量作品，从故事结构到观点阐述都是网络搜集而来，实在不知道有什么可值得推荐的。

可我仍旧没理她，退出登录。

本以为这件事就这么过去了，毕竟硌脚的沙子不必太在意。

大概一个月后，这人“贼心不死”没完没了地又出现了。私信留言说：“你为什么不回复我，是不是你也觉得自己是个垃圾！”

这一次，我不想忍了。“我不回复口出恶言的人，在诋毁别人之前，麻烦你想想自己是有多优秀？”

她没有再回复我，也就没有了然后。

世界那么大，总有人给你难堪。

有朋友说，其实网友的评论根本无须在意。

是的，我可以不在意，但是她有作为一个键盘侠的自由，我也有怼回去的权利。难道要任由她出口伤人，我无动于衷或者继续忍耐，才能说明我不在意，我心胸开阔？

如果是好的意见和建议，我倒是希望听到更多，并虚心接受，但你过来喷我，那么对不起，我可以忍让一两次，但不能一直退让，我不允许自己一直受委屈。

我知道，当每个人的情绪急于寻找出口时，口不择言是难免的。但是在网上肆意伤害别人这个办法，真心不可取。连你自己都做不到被所有人喜欢，何必去要求别人、怼别人呢？

我写作是因我从小热爱，直到今天我仍然认为自己有很多不足，可能是天赋所限，可能是我还不够努力。但至少每一天，我都走在变得更好的路上。你若喜欢，那我不胜欢喜；你若不喜欢，当然那是你的权利。但你如果无理取闹，死活不放，别看我长得甜美，但我真的不是一个受气包。

哦，对了，值得一说的是，承蒙这个人的讨厌，那本被她贬得一文不值的书后来成了畅销书。

——

被人讨厌一次怎么够，下面我来讲第二件事。

如今我越来越不爱发朋友圈并不是因为懒，而是要屏蔽的人越来越多。就在昨天我拉黑了大学同学陆里，准确来说我们应该算是互相讨厌吧，她认为我的生活做作至极，我讨厌她叽叽歪歪。

比如，端午节我发了一条想念爸爸妈妈的朋友圈。陆里回复：在大城市的虚荣感填补不了思乡之情吗?

比如，和几个月未见面的闺密约了粤式下午茶，聊天、八卦、拍照、发朋友圈。陆里回复：下午茶是装文艺的标配。

再比如，六一儿童节我晒出读者送我的小礼物，附赠小卡片：希望姐姐永远是被人疼爱的小朋友。陆里又冒出来：现在网红博主一抓一大把，有几个粉丝没什么稀奇。

必须得承认，我不爽她已经很久了。

最终导致我拉黑她的事，是她已经不甘于在朋友圈下暗戳戳地恶心我了，而是直接发微信给我，毫不掩饰对我的“看不惯”。

陆里发微信给我：“你这张照片滤镜挺好看的，是怎么P的？”

“朋友用单反给我拍的，光线好吧，没有P图。”

“你是不是整容了？我记得你以前挺胖的，怎么现在脸这么小了？你鼻子也挺了。”

“上学的时候120斤，现在97斤，减肥堪比整容。”

其实这时候我心里很明白，在表面你问我答的塑料友谊下，是按捺不住的互相讨厌。

陆里选择打破这种假和谐。她接着问：“你吃什么减肥药瘦下来的？”

“我惜命不敢吃减肥药，少吃再加上跑跑步就会瘦的。”

结果她回复我：“你能不能别装了？照片修图就是修图了，装什么自然美。没吃减肥药没抽脂怎么可能瘦20斤，你当谁傻子吗？大家都是老同学了，有必要撒谎装励志人设吗？你越来越让人讨厌了。”

我忍无可忍回复了她一句：“我有一句‘滚出我的朋友圈’不知当讲不当讲。”然后把她拉入黑名单。

半夜里的鸡汤感言，会被别人评论说“真酸”；说自己遭遇了不开心想哭一场，便有人说你是在博同情；就连发一张只加了滤镜的自拍，都会有人在底下问是不是磨皮太过了。

这些事或许每个人都遇到过。朋友圈就是用来记录和分享的，我来大城市并不是为了虚荣，而是想发现自己身上更多的可能性，我为什么没有想家的权利？优雅的下午茶只是见面的形式而已，我也是楼下路边摊的常客。收到读者礼物并非是在炫耀，而是这个女孩在失恋的时候，我彻夜开导过她，她以此感谢。

你认为我活得悠闲小资，其实我处处碰壁；你以为我职场顺风顺水，其实我的选题刚刚被驳回；你以为我总是轻松拥有很多，其实我深夜写稿眼睛干涩得以为自己快瞎了。

但这些，我从不与人说。我从不排斥别人对我评头论足，也允许别人对我的生活方式提出疑问，甚至允许你在背后议论，但别让我听见，不然别怪我不惯着你。

说句实在话，讨厌我的人多了，你算老几？

即便我用尽全力，也无法做到让任何人都满意。如果你觉得我的生活方式、我做的事让你不舒服了，那真是不好意思，我并不打算改。我不取悦任何人，我只想尽可能让自己快乐。因为一辈子很长，如果不开心，那就更长了。

——

想想我们被人讨厌或讨厌别人，在心里都会觉得这是一件不太舒服的事。但如果能在讨厌的人身上学到些什么，不让自己白白烦恼，那总不会觉得太亏。

从生活到职场再到朋友圈，讨人嫌的人并非只有陆里一个。我一直选择无视，懒得去讨厌别人，是因为我不想耗费心力在我讨厌的人身上。但我对她很反常，在很长一段时间里很讨厌她，一想起来就会心情不好，回忆中只要她点赞或者评论过的朋友圈，我都想删掉。

后来我也慢慢反省过，身边的朋友，不懂得边界感和分寸感的、说话带刺的、脾气合不来的，我通常都会自动远离，就算吃点小亏，也能及时抽身，疏远开来。而为什么对曾经要好的她，我会动用到“讨厌”这种强烈的情绪呢？

大概是我内心并不想承认，当我脆弱低潮时，我对她的讨厌暗藏着我对她顺境人生的羡慕，也附带着对自己无能的愤怒。

注意呀，“她的顺境”与“我的无能”划重点！与其用心良苦地讨厌她，不如想想她的哪些性格塑造了她的顺境。

陆里成绩很好，每年都获得奖学金。当我在期末临时抱佛脚，泡图书馆到深夜的时候，她已经总结好考点，背好大题了。

毕业那年的国考，她以第一名的成绩考进市政府宣传部，端起了让同学们都渴望的铁饭碗。那时候的我正在一遍遍地投简历。

有一年她生病住院，她公婆去照顾她直到出院。我想这一定是因为她平时确实发自内心地尊重善待两位老人。

陆里的女儿很漂亮很可爱，离不开她重视早教，给女儿买童书和绘本从不心疼，而且再忙也不会点外卖，女儿的饮食她都精心准备。

她曾在海滨城市投资买过一套房子，短短一年时间房价翻倍涨，因为她的投资意识很强，做了很久的功课，去当地考察了很多次。而那时的我，还在合租房因为水电费和房东争执。

在我转变观点和态度后，我发现了我的暗面，挖掘了她的亮面。

当我们在遇到讨厌的人时，先不要让“厌烦”这个坏情绪占据上风，希望我们都能学会自省和思考。或许在那些我们讨厌的人身上，有着我们缺少和值得学习的东西。

以他人之优点来修补我们自己身上的缺口，难道不比单纯去讨厌更有意义吗?

只会讨厌没有意义，从讨厌的人身上学点东西才有意义。

15

想要找一个有钱的男朋友，这有错吗？

—

多喝热水和微信转账，哪个更有用

—

你可以“希望男朋友有钱”，这没有什么错，

但“寄希望于男朋友有钱”这个念头劝你趁早打消。

想要在感情里坦然接受两个人的经济互动，

最好的选择还是做各自都很有钱的人。

—

元旦是和朋友们一起过的，零点的时候我在朋友圈晒了一张“女朋友们”的照片，引来无数小哥哥的点赞。

一位男生在微信上问我：“照片里左边第二个女孩子单身吗？”

我没理他。

第二天，第三天，第四天……这个男生每天都会问我几句关于照片里那个女孩子的事。我便把这事告诉了那个女孩，女孩倒是大方，“加个微信吧，都是同龄人，交个朋友嘛。”这年代，大家都心知肚明的。于是我作为“媒婆”，为他们两个牵线搭桥，然后，我清净的生活就此结束了。

我像个不定期就会被提审的犯人一样回答他们没完没了的问题，又要像法官一样为他们的鸡飞狗跳做裁决。“媒婆”不是什么美差，真的不要当，哪怕你是不得已的。

女孩性格开朗，说话爽快；男孩则性格内向，话不多，但是情绪都挂在脸上，内心戏也是足足的。经过3个月的相互了解，女孩觉得两人并不合适，可男孩并不这样认为。

我问女孩“什么情况”，女孩回复我：“我年纪大了，不好骗了。”

原来，女孩最初是有心和这个看起来各方面还不错的男孩交往的，也给过男孩表现的机会，可打了几回交道，发现男孩属于光说不练型。许诺的时候洋洋洒洒，兑现的时候若无其事；告白的时候深情款款，被拒绝之后横眉怒目。

有一次，女孩感冒在家，男孩打电话约女孩看电影，女孩表示不舒服不想出门，男孩说出来透透气或许会好呢，女孩答应了。等女孩收拾完后，问男孩到哪里了，需不需要给他再发一次住址定位，男孩表示自己已经到电影院了。原来，他知道她生了病，也没有打算来接她一起走。

上个月有一天，深圳暴雨，女孩虽然早早起床，但还是不能按时到公司打卡，女孩自然心情有点焦躁，这时候男孩上来就开了一个不合时宜的玩笑："又迟到了，会扣钱吧，那你有点惨。"女孩随即拉黑了男孩。男孩却不解，为何开个玩笑就要被拉黑。

还有一次，女孩胃病犯了，自己去医院输液。恰巧男生发微信问她在干吗，女孩发了一张挂号单给他，随即，男孩发来一大堆"养胃指南"的链接，并信誓旦旦说："小笨蛋，以后你和你的胃，都由我来照顾。"照顾？怎么照顾呢？女孩直到输液完事，也没有等到男孩子问一句"在哪个医院，我现在过去"。

就连女孩明示说自己喜爱南方菜系，有家新开的餐厅不错，想去尝尝，那个男孩也居然只回了句"哦，你喜欢我们就去呗"，便再没有下句，后来他们也没有真的去那家餐厅。

男孩后来发了一条朋友圈：自古深情留不住。

看见没有，人一旦矫情过了头，真是像极了爱情。可问题是，除了嘴巴，你全身上下哪一点像个痴情的人？现在的女孩子聪明着呢，不好糊弄的。

世界上最没用的东西，大概就是“不去兑现的承诺”，它不需要成本，不需要技术，嘴巴一张一合，就炮制出一个泡沫承诺。

这就像你发现还有一个星期就要考试了，然后对自己说，明天我要成为学霸；看到账户余额可怜巴巴，说明天我要暴富，都是同样的道理。这种高喊的口号，到底是为了哄骗别人，还是安抚自己？

有些甜言蜜语戴着热情的面具，一旦摘掉面具，它就叫“逗你玩玩”。

——

我是在摄影课上认识 Daisy 的。

有天下课，Daisy 招呼我们几个朋友一起到一家网红餐厅聚餐。我们也是那天才知道，原来餐厅的主厨就是 Daisy 的男朋友，高高瘦瘦的南方男孩。那天我们是餐厅最后走的客人，当然也是为了陪 Daisy 一起等男朋友下班。她男朋友换下工作服，穿着干净的白衬衫、牛仔裤，大方地与我们打招呼，说话风趣，但不油腔滑调。感觉得出，是和 Daisy 一样看重生活品质的人。

以下，我们就叫他主厨先生吧。

那天大家都喝得微醺，从吐槽客户如何挑剔，说到海景房的房价又猛涨了多少，再说到“拼命赚钱的意义到底是什么”这种有点高度的话题。

主厨先生说了一句：“我们每天辛苦工作这八小时，其实是为了这八小时以外的时间能过得更好，那才是生活的乐趣。我努力赚钱的意义没有多高尚，Daisy 不是喜欢摄影吗，那我就赚钱支持她，给她买更好的镜头和三脚架。”

不知道为什么，当时一瞬间，我觉得这个大男孩特别靠谱、特别可爱。

当然，你可能也会说，主厨先生不也是用嘴说说吗？我告诉你，还真的不是。Daisy 去年年底辞了工作，准备自己开一间工作室，而创业基金大半是由主厨先生出的，他打趣说这是投资，是入股。

正是主厨先生的做法，让我明白了，Daisy 这样独立自主、看上去难以驾驭的新女性，为什么能和他相处多年，在他面前，她能卸下所有铠甲，变得小鸟依人，为什么她在看着他的时候，眼神始终柔和、坚定、知足，从心底深处漾着欢喜。

主厨先生大概就属于那种让人羡慕的“别人家的男朋友”吧。

我从来都不觉得靠得住的爱情和金钱可以分开，我见过连一个手机壳都舍不得给女朋友买的富二代，也见过自己穿十几元钱的旧T恤，给女朋友买一件上万块大衣的男孩。

当然我也不是说这年头追女孩子你就必须天天送名牌，顿顿吃大餐，月月出国游。我只是觉得从消费这件事上可以看出一个人的生活态度，以及他对你的态度，说得再远一点，它也直接关系到你们以后会把日子过成什么样。

如果一个男生心疼你挤公交，埋怨你不按时吃饭，提醒你早睡早起，嘱咐你下班回家注意安全等，请先不要着急感动，着急许下终身。倒是那个雨天开车接你，生病陪你，带你去尝试新餐厅，找理由送你小礼物的人，你可以认真考虑一下。

你不能被别人一句好听的话、一个空洞的承诺就哄得团团转。等他定好了餐厅，你再相信他是真的想请你吃饭；等他在你有麻烦的时候出现在你面前了，你再相信他是真的关心你；等他在大是大非面前坚定地站在你身边了，你再相信这个人真的是想跟你在一起。

检验真心的标准，不是说了多少，而是到底做了什么。

大家都是100多斤的人了，成熟点好吗？别指望用一把假钥匙去打开谁的心门，别闹了，大家都挺忙的。

读到这儿，估计会有人跳出来批评我在给女孩子洗脑，以花钱这种形式来判定感情真挚与否是三观不正的表现。如果你以为Daisy

只是一个无所事事、找有钱男朋友的文艺女青年，那你就真的错了。所以别着急，我还没说完。

Daisy 在本硕连读毕业后，进入一家外企的市场部，月薪 2 万 +，住在能看到梧桐树的房子里，妥妥的魔都丽人。摄影、烘焙、绘画，是她生活的组成部分，她遇见主厨先生并没有什么可意外的。

没有谁依附谁，让人艳羡的爱情，从来都少不了强强联合这一项。

你可以“希望男朋友有钱”，这没有什么错，但“寄希望于男朋友有钱”这个念头劝你趁早打消。想要在感情里坦然接受两个人的经济互动，最好的选择还是做各自都很有钱的人。

——

一定会有人说，没有钱难道就不谈恋爱了吗？就没有真感情了吗？

当然不是，你可以说钱和爱毫无关系。约会的时候吃米其林或者吃麻辣烫，快乐指数以及荷尔蒙的量都很高。但我仍然觉得，哪怕是在跟钱最没关系的爱里，有钱也是好的。

回到这篇文章最初的问题，多喝热水和微信转账哪个更管用？

没有经济基础的热水是凉得很快的，不爱你却愿意为你花钱的傻瓜是不存在的。要知道，小孩子才做选择，成年人是“我全都要”。我宁愿你贪心一点，两者缺一不可。

而这，并不能影响你成为一个对赚钱绝不马虎的女孩，女孩子不自己试一试经济独立，就永远不明白经济独立有多爽。赚不到高级原料烘焙的面包，那普通一点的塑料包装面包也是一样香的。

还记得那部《了不起的麦瑟尔夫人》吗？

这部剧以20世纪50年代的美国为背景，讲述让人看着就心情很好、精致的话痨小姐姐米琪的故事。她从来不想让自己的人生出现任何的失误，不过很可惜，她人生中的第一个大失误是婚姻。眼看着自己规划好的人生就这样轰然倒塌，幸好她没有被击垮，被甩后，米琪在机缘巧合下走上脱口秀表演之路。这部剧展现了她逐渐获得精神独立、找回自我，并杀出一条血路的过程。

这部剧引发出一个古老而现实的命题：如果一个女人完全依靠另一半而生活，这段感情究竟能够走多远？

有多少女孩子，曾信誓旦旦跟父母说："你们养我长大，我给你们养老。"可后来呢？ 衣服鞋子、化妆品要花钱，朋友聚会要花钱，水电煤气费也该交了，工资余额月月接近于零。自己生活品质都难有保障，哪有多余的经费赡养父母呢？又有多少女孩子，曾情怀泛滥要去远方看看，遇见另一个自己。可后来呢？宅在家追剧，购物节熬夜抢购，工作上成绩平平，爱情上挑三拣四。

你懒得去自力更生，懒得去自尊自爱，于是干脆一歪，全凭运气靠到谁算谁。生活多残酷，你怎么可能永远躲在另一个人的羽翼下，只索要宠爱呢？

退一万步讲，就算你有灰姑娘的美貌，去参加王子的晚宴，总要有钱先给自己买一双水晶鞋吧，毕竟灰姑娘的水晶鞋可不是王子给准备的。

在我的每一本书中，都不厌其烦地说“女孩子不要等着被男孩子养”，其实并不是被养这件事好不好的问题，也不是别人如何看待你的事，而是“等待被赠予”的心态会耽搁女孩子的人生。

现实生活中的我是个非常容易颓丧的人，我不可能持续保持元气满满的状态，时常会有坚持不下去的时候。一个包、一条裙子、一套做工精良的梳妆台，甚至是一支书写流畅的钢笔，都能让我觉得哪怕灵感跑光，编辑在催稿，周末要加班，我也有一点点能够抓得住的奔头和希望。

我们生活在一个现实的世界，而这个世界最现实的一条法则就是，没有一样东西不需要你付出代价。未来难有坦途，依靠自己的能力得到该得到的，总是会让人挺起腰板走得潇洒一点的。

我心目中的理想状态，就是我和我的男朋友都拥有赚钱的能力。我们不纠结这顿饭是谁付账，不较真谁这个月花销更多，心平气和地过想买什么买什么的生活。

想想就觉得太好了，不是吗？

这家位于嘉兴市中山东路的熊爪咖啡店，

有八种口味的咖啡，可供盲盒式抽选，

每一杯咖啡由熊爪从洞口递出，

熊爪会和你握手、击掌，摸你的头，超级解压又治愈。

洞口另一端的咖啡师和店员其实都是聋哑人士。

咖啡店是一个公益项目，意在给残障人士提供更多就业机会。

有的人，虽然自身不完美，但还是选择在人间传递温柔。

16

你会在节日里感到孤独吗？

—

愿你独立，
更愿你活得热闹

—

每个人都是一个房间，等待久居的住客。

可多数人只是礼貌路过，

并不想推开门走进去，听听里面的故事。

——

这些字写于一个很难过的深夜。

有时候觉得自己什么都不缺，算是被老天庇佑的角色。可有时候又觉得，自己真是孤独得可怜。我一年又一年、一遍又一遍地跟孤独战斗，才坦诚地接受了孤独，才可以不畏惧地说：“对啊，我的确在深夜痛哭过，可这没什么。”

上周末，我一个人在家吃了火锅。

我酷爱火锅，身边的朋友都知道。我一直都说，世界上有90%的烦恼可以靠一顿麻辣火锅来解决，如果不行，那就吃完再去想办法。

这次的火锅料是海潮同学从重庆邮来的，肉和菜是我带着狗狗一起下楼买的。每一次在遭遇俗事敲打、精疲力竭时，我就选择在味觉里休憩灵魂，喂饱自己备受冷落的身躯。汤底鲜红锃亮，渗出烟丝缭绕，打捞一片牛肉，酥麻战栗、泼辣爽快。此刻，吃是一种慰藉；食物是一种补偿。

好吧，说得这么好听，还是掩饰不了我的孤独。

不过这样孤独的时刻对我来说，还是太多了，多到像菜市场的香菜叶……

比如，去看喜剧电影，笑点不少，坐在我前排的姑娘倚在男朋友的肩膀上笑个不停，而我只是默默看着，不出声。不是我笑点太高，而是很多东西需要互动，才会有趣。

比如每一次在热闹的聚会结束后，大家挥手告别，各自搭上车离开，看着夜色里渐渐安静的城市，突然就懂了，什么叫作狂欢后回到家，孤独会再次将你打回原形。

比如半夜高烧，从卧室摸索着出来翻药箱，却找不出一颗退烧药，再没力气走回卧室，就近趴在沙发上睡去。

比如尽管孤独的我并不愿承认节日于我们的重要性，但却注定摆脱不了节日文化带给人的心理暗示，节日就是象征着团圆、热闹、纪念和不同寻常。

比如赶稿子的时候，经常熬夜，很困、很焦虑，但不想睡。突然想找人说说话，但不能打给父母，因为我对家里从来报喜不报忧，即便我真的没事，爸妈也会因为我的突然来电而多想。通讯录列表从前到后翻了几个来回，嗯，算了，睡觉吧。

比如一个人去医院挂号，看医生，做化验，等结果，下楼排队拿药。来看病的人不少，医院走廊里很吵，但仍盖不住消毒水的味道和医院本身自带的冰冷磁场。工作的第一年，我去牙科诊所拔牙。还没打麻药，我的眼泪就开始止不住，医生和护士安慰说："小姑娘你别害怕，我们这还没开始呢。"嘴里塞着酒精棉，我说不清话，只能点点头。只有我知道，我并不是害怕拔牙，我只是害怕一个人面对。

……

读到过这样一段话：孤独这两个字拆开来看，有孩童，有瓜果，有小犬，有蝴蝶，足以撑起一个盛夏傍晚的巷子口，烟火气人情味十足。可当这些都离你而去时，这就叫孤独。

——

一个人生活并不是一种小众的生活状态。

前几天拉了一个朋友到酒吧坐坐，寻得话题下酒。我问她："我们怎么越长大越不会喊痛？明明认识的人越来越多，为什么还是觉得自己像个孤独症患者？"

她晃了晃手里的酸威士忌，摇摇头："可能是多说无益吧。"

她在一家影视公司做宣传，年纪轻轻负担极重，既要完成工作任务，还要熟谙办公室政治。

上个季度几部电影同时上映，她连续加班快两个月，每天晚上11点到家累到不想卸妆，只想倒头呼呼大睡。在朋友圈小小抱怨过一次，收到的评论却是"你们加班费一定不少吧""反正你又没结婚，回家也是自己一个人""大城市就是累人啊"等。

她看了看这些评论，心里觉得特没劲，就删了那条朋友圈。

"每个人都自顾不暇，哪有人愿意花时间和精力去懂你、关心你呢？我想明白这一点后，心里也就接受了孤独。"她抬眼看看我，"你觉得孤独是什么？”

“就像此刻，月色不错，夏意朦胧，我突然好想把所有的不开心全抖搂出来，不是把你当垃圾桶，只是太久没有人关心过我了。”

我突然想起，有一年中秋节，下午 2 点多我在家迷迷糊糊睡着，醒来已经是 6 点多。睁开眼看见夜色已悄悄笼上来，空调轻轻地吹着，楼下小孩子玩耍的声音和商贩的吆喝声混在一起。拿起手机，没有留言，没有未接，只有一条联通的短信，告诉我这个月的话费余额仅剩 34.2 元。

孤独的滋味不好受，是一种身处黑暗拼命伸出手去触摸光亮，最终却仍然两手空空的失望。那个瞬间，我真的感觉整个人孤独透顶。

生活不易，吐出来矫情，咽下去辣嗓子。百般心累，明明话到嘴边，又觉得不值一提。每个人都是一个房间，等待久居的住客。可多数人只是礼貌路过，并不想推开门走进去，听听里面的故事。

——

《孤独的城市》里说：遭遇孤独的人，大致都是为了梦想或者爱情奔赴另一个城市生活的人。

一个人去逛超市，一个人去餐厅，一个人去咖啡厅，一个人去看电影，一个人去吃火锅……这些在年轻人看来习以为常的事情，在网络上列出的孤独等级表中，被归类为深度的孤独。

我不会是孤独患者里的个例，你也不是。

前段时间去北京出差，珊珊知道后主动提出碰面。

“亲爱的你稍微等我一下，我今天刚刚搬家，简单收拾一下就去找你。”

“没关系，我过去帮你收拾。”

这已经是珊珊第三次搬家了，好像生活在北京这样的城市，搬家是生活中的一部分。这次，珊珊所在的公司迁移了办公地址，为了缩短路上的距离以节省时间，珊珊不得不又重新找了合租房。

我们两个女孩子没什么力气，挪动床和沙发都十分吃力，忙活了三个小时之后，终于初见成效。珊珊站在窗台上挂窗帘，下来时踩在梯子上的脚一滑，整个人摔了下来。脚踝很快就红肿了起来，我急忙叫车送她去医院。医生给包扎好后开了些活血化瘀的药，叮嘱不能用力和饮食忌口。

回到家已经是晚上 9 点。

珊珊尝试自己走路去拿水杯，看到她脚踝痛得掉下眼泪，却哭不出声，突然让我明白，一个女孩子无论表面佯装得多强大多无所畏惧，但其实还是会被生活中突如其来的刁难乱了阵脚。

我们虽然一路跌跌撞撞，携手前行不断强大，但女孩子独有的脆弱和细腻还是会让我们体会到真实的无助，比如此时此刻。

“本来想着和你小聚的，结果变成你帮我收拾屋子，还要照顾受伤的我。”

“今天是恰巧我在，以后这种事叫朋友或者同事来帮忙吧。”

珊珊叹了口气，她说，表姐每天要接大女儿放学，然后送孩子去舞蹈班；闺密下班后参加了一个英文班，下课后到家已经晚上10点多了；同事张哥周末要带儿子去学绘画、钢琴；朋友小七刚刚换了工作，为了证明自己，没日没夜地加班冲业绩。

最后她说：“大家都很忙。”

珊珊的话让我想起自己前段时间心情一度不好，自己一个人在家的时候总是会觉得莫名烦躁，想要找个人出去吃个火锅，打电话问了一圈，结果发现大家好像都因为各种各样的事情，难以赴约。那时候我才发现，原来大家都那么忙，没有一个人是待在原地等着别人召唤的。

所以，我能理解珊珊逞强一个人搬家的心情，比起希望被人疼，大概更希望自己能越来越强大，有照顾好自己的能力。

这些细碎的凡间俗事，每个人都在面对。不要强行挽留谁作为你的看客，不需要某些眼睛刻意承接你的一举一动，也就无所谓期待与失落。毕竟长大后，我们从群居的鱼群中出来，一个人游向大海了。

——

还记得之前一夜之间刷爆朋友圈的养蛙游戏吗?

晒美食美景、晒自拍、秀恩爱的人，画风突变为：我的蛙只带了一只碗出门，好担心；怎么回来就看书呢，快点休息一会儿呀；三叶草长得好慢啊，什么时候才能给我家崽买幸运铃；你又在给谁写信呢；我的蛙在森林里搭了帐篷，好厉害……

以往都是升级打怪或冒险类的游戏更受欢迎，这款游戏完全不同，没有太多场景页面，没有互动，只有一只被你起了名字的青蛙，吃吃东西，看看书，写信，削木头，然后旅行。你唯一能做的，只是收割庭院里的三叶草，帮它准备行李。你不能陪它出去旅行，不能决定要去的目的地，也不能控制它回来的时间。你甚至不会在游戏界面停留太久，因为它一旦出去旅行就杳无音讯，只有不定时发来一张明信片。

我一位朋友说，她觉得这款游戏最有趣的部分，在于你赋予它的想象。

比如，它带的面包够吃吗?去太远的地方会不会饿着啊?两天没回来是不是去了很好玩的地方?它会遇到危险吗?会迷路吗?什么时候能交到新的朋友呢?忘记给它带帐篷了，会不会淋雨?等等。

游戏是虚拟的，那只青蛙顶多算是电子宠物。可每一次关掉页面后，我们心里总是莫名地牵挂着，因为即便这些都是假的，可我们付出的感情是真的。

现在都市里的年轻人太孤单了，因为我们在这个急速发展的时代里，太久没有慢下来，太久不敢将感情投入在谁身上。

我们乐于养一只虚拟青蛙，和我们吃饭、坐地铁、等公交的时候打开直播、微信视频对话是一样的，我们想要的，不过是有人陪着自己。

我们太孤单了，七情六欲、喜怒哀乐，都希望有人可以分享。

——

电影《绿皮书》是我时不时就要安利给朋友的一部电影。

与惯常的探讨种族问题的电影不一样，它没有严肃乏味的讨论，反而翻转了以往这一类型电影两位主角的身份设定。黑人主角的优雅高贵，与白人主角的粗鄙平凡形成了一种更有趣的对比。

唐有天赋，有名气，有财富，住在卡内基音乐厅楼上的公寓里，是受人追捧的殿堂级钢琴演奏家，却活得异常孤独。而托尼说话粗鲁、行为暴力，常常为生计发愁，靠着在夜总会做保镖和跟人比拼“谁汉堡吃得更多”聊以生活，却对家庭异常负责。

原本是两个八竿子打不着的人，因为唐要到“种族歧视”严重的美国南部巡演，需要有人做司机并保护自己的安全，于是通过别人介绍，找到了托尼，从此有了交集。从最初的互看不顺眼，到最后唐主动到托尼家一起过圣诞节，在整体温情有趣的气氛下，仍然不难感受到电影里时不时抛出的孤独感。这种孤独感来自唐。

他们到当地演出，唐只能住廉价的黑人旅店，司机和乐团其他两个人都比他住得好；唐的两位白人同事在楼下和白人女性调情畅谈，而他只能在楼上独自喝着威士忌；唐在受邀的白人家里演奏，却不可以用卫生间，只好驱车回自己住的酒店用卫生间，再返回接着演奏；在酒店演奏，却不被允许在酒店的餐厅用餐，只能到附近黑人专用的小餐馆就餐，甚至酒店为其准备的更衣室，都仅仅是酒店的杂物间；住在黑人旅馆，面对黑人同胞一起玩游戏的邀请时，唐非常局促不安；去白人酒吧消磨时间，却又遭到白人的欺凌暴打……

唐是孤独的，他的孤独在于他既不能融入黑人同胞的生活，也不能与白人族群和平相处。

这些是当时社会环境给唐造成的孤独，在他身上还有另一层孤独，就是他自己。

唐是个非常精致考究的人，人前永远衣着得体，走路气宇轩昂，他坚守着上层社会的重重标准，也同样要求着身边的人。比如，面对歧视他的人，唐依然保持礼貌；比如，当托尼在停车场偷了一块小石头时，他坚持要他还回去；比如，他看不惯托尼给家中妻子简单粗暴式的写信，便替他代笔，文辞情意饱满；再比如，他不能理解托尼直接用手拿起炸鸡塞进嘴里的行为。他认为这些都是粗俗不体面的。

精致本没有错，但精致意味着很多的“不允许”“不能做”。这样会强加给自己各种各样的标准，裹缚住自己，从而拒绝很多可能性和很多让自己快乐的机会，而把自己锁在一个名叫“得体”的城堡里。

城堡很美，但城堡冰冷又孤寂。

影片里让我印象最深的有两个片段。

一是托尼教唐用手拿炸鸡，唐一开始当然是拒绝的，但是在托尼的坚持下，还是勉强接过炸鸡，可没有刀叉和餐盘让他有点不知所措，翘着兰花指咬下了第一口，后来却是越吃越开心，还学托尼把鸡骨头扔出车窗外。

野蛮吗？有一点。不礼貌吗？也有一点。

第二个片段是，唐在巡演的最后一场演出之后，和托尼一起来到一家黑人酒吧。里面的乐队或许不够专业，钢琴也不是唐指定的那一台，但在这间小小的黑人酒吧里，唐的即兴表演让他获得了前所未有的释放感，这更像是一种融入集体的幸福。

爽吗？真的爽。开心吗？也是真的开心。

我一直鼓励别人要独立，要活出自我，可是独立和自我并不代表你不需要陪伴，不需要亲密，不需要感知身边的一切，不需要面对自己的脆弱。过度享受孤独，或许恰恰是因为内心对陪伴的极度渴望而不得。过分的独立，其实也是不懂爱。

人的一生有两件事是需要学习的，一个是独立自主的能力，一个是与世界发生联结的勇气。

《绿皮书》不仅诠释了孤独，同时还给出了孤独的解药，就是：人之所以孤独，是因为不敢迈出第一步。

一段我在书上看到的话分享给你们："我们之所以渴望拥有某些关系，不仅是为了获得感情上的交流和联结，也是在为自己的人生寻找某些可以抓牢和握住的着力点。这些关系就像一道道丝线，编织成了一张联结的身份之网，裹住了我们，让我们在茫然的虚无深渊的上空可以安然地生活。"

希望我们能够独立，也不忘寻找同伴。希望我们不被苦难轻易打倒，也同样会示弱和求助。希望我们能够保有赚钱的能力，也能够安心享受被照顾的幸福。

当我们能向别人敞开自己内心深处的柔软，相信对方也相信自己时，才能够建立起关于爱的联结，让自己内心充满活力，情感丰富而不再孤独无助。

这一路我们摸爬滚打，虔诚修行，是为了得到内心的成长、蜕变，从而变得充盈、有爱、谦和，而不是孤傲得难以接近。

有一年中秋节，下午 2 点多我在家迷迷糊糊睡着，

醒来已经是 6 点多。

睁开眼看见夜色悄悄笼上来，空调轻轻地吹着，

楼下小孩子的玩耍声和商贩的吆喝混在一起。

拿起手机，没有留言，没有未接，

只有一条联通的短信，告诉我这个月的话费余额仅剩 34.2 元。

尽管孤独的我并不愿承认节日于我们而言的重要性，

但却注定摆脱不了节日文化带给人的心理暗示。

节日就是象征着团圆、热闹、纪念和不同寻常。

17

你有没有把垃圾情绪丢给身边人的坏习惯？

—

别让亲近的人
背你坏情绪的“锅”

—

人间从来不是乐土，各人有各人的苦。

在这个世界上，除了你自己，

没有人有义务让你高兴，没有人能代替你痛苦，

更没有人有足够的时间和精力来指导、督促你怎样成长。

谁惹你生气，你就去找谁。

爱你的人不该背你坏情绪的“锅”。

一

最近翻老照片，想起了一些事。

我念高三的时候，有次模拟考试成绩很糟糕，被老师叫到办公室狠批一顿。闷闷不乐地回到家后，背政治论述题又死活记不住。这时候我妈妈推开门进来，问我要不要吃点水果，还说晚饭做了我喜欢的排骨汤。

似乎在那一刻，我终于找到了情绪宣泄的出口，冲着她大声喊道："我在写作业，被你一吵什么都忘了。想吃水果我会自己拿，我又不是没有手，没看到我在写作业吗？你能不能不要每天都这么烦人？整天问这问那，难道我没有手不会自己拿吗？"

妈妈愣了一下，轻轻地关上门出去了。我妈有什么错？她莫名地成了我的出气筒。

我刚刚工作那年，有次因为没有发现合同上的一处纰漏，被领导当着整个部门同事的面数落，我心情失落极了，觉得又懊恼又丢脸。

第二天周六，我去公司加班一天。这口气憋在心里实在难受。本来说好了，那天晚上男朋友来接我下班，和朋友一起去吃烧烤。偏偏他那天因为别的事情耽误了，问我能不能自己打车到烧烤店。我突然就爆发了，在电话里狂吼："不来接我为什么不早说？现在下着雨，我根本打不到车，我不去了，祝你们吃得开心。"

男朋友在电话里半天没声音，我狠狠挂了电话。男朋友有什么错？是我急需找人当受气包。

独居的第一年，我经常料理不好自己的生活。有次因为预约来修水管的师傅爽约，导致家里两天没有供水，正常生活受到了影响。我顶着已经出了油的头发，在发愁去哪里洗漱一下的时候，闺密打来电话："天气好，出来浪啊。烧烤配小啤酒怎么样？"我不知道哪根筋不对了，阴阳怪气地回她："我今天要加班，家里卫生也还没收拾，你倒是闲，你浪去吧。"

闺密弱弱地说："好，那你先忙。"闺密有什么错？我才是那个糟糕的朋友吧。

或许这三个故事看起来没什么特别，因为我想不是只有我这样，很多人都会把最坏的情绪发泄给对自己最好、最亲近的人身上。好在现在对妈妈和朋友还可以弥补，而那个男朋友，已经在去年成了别人的新郎。

如果可以重来，我宁愿跑到大街上对着空气，把这辈子学到的脏话都骂一遍被人当成神经病，也不愿给亲人或恋人一分一毫的伤害。

谁惹你生气，你就去找谁。爱你的人不该背你坏情绪的"锅"。

——

不知道你们有没有遇到过承接朋友失落情绪这种事。

我一个朋友，前些日子失恋了，整个人精神状态不太好。我们认识十几年了，可能我是唯一能让她不顾面子坦然诉说伤心的人选吧。

于是那段时间，我每天睡前最后的微信留言，每天早起的第一个微信留言，都是她的很多条60秒的语音。很多时候我都准备睡觉了，但又听到微信，担心她收不到回应会更加胡思乱想，于是转身拿起手机，继续安慰她。

工作日的白天，我们都不方便听语音，她就会打大段大段的字。我忙完手头的工作，就赶快回复她，俨然安抚她的情绪成了我的兼职工作。

那段时间我每天都要听她吐槽这个，痛骂那个，抱怨工作，谴责他人，字里行间她的情绪无处可藏。

熬了这么多年的励志鸡汤，我自认为自己在安抚他人这件事上还算有点本事。但这一次我发现并不是这样，寥寥几句安慰的话随口就说，对自己并没有影响，但长时间接收负面情绪，这种情绪就像细菌一样蔓延感染到了自己的身上。我也开始失眠，开始丧气，开始思考我的人生是不是也有很多纰漏，我所在的职场是不是也是明争暗斗而我全然不知。负面情绪终究不像指挥乐团，指挥家甩一下指挥棒就能让一切抑郁和难过静止。

有一天我头痛难忍，下班匆匆回到家，吃了药准备洗漱后休息。

这时候我的这个朋友发来微信，手上沾着泡沫的我伸手去拿手机，一滑，手机掉进了满是水的盥洗盆里，我看着手机在水里黑屏关机，沉到水池底部。

那一刻，我一点都没有担心手机，而是觉得解脱，觉得清静，好像自己终于逃离了一张网。

不管是很铁的朋友，还是亲密的恋人，没人能受得了长期担任你的情绪垃圾桶。

我曾经写过，愿有人能在你哭泣时，轻轻地坐在你身边，收拾好你七零八落的情绪，温柔地接住你的疲惫。但这并不意味着，你可以不顾及对方的感受，把情绪压力转移给对方。没有人是容易的。

难过、丧气，都是非常私人化且容易传染的情绪。如果总是试图将负面情绪转移给亲近的人，那无疑是在给这段关系缩短寿命。

因为这件事，我开始低头审视自己有没有做过类似的事。

有，当然有。只是我更早地明白了，每个人都有自己的业障，每个人都有自己要蹚过去的河，别人再法力通天，也没办法代替你。

现在的我，更想把 99% 的苦都解决掉，留下 1% 的甜，在恰到好处的时刻，与人说一说。

——

人生在世，谁没有很沮丧的时刻？

一个人吃饭，去买了杯可乐，再回来时发现没吃完的餐盘已被收走；一群人同行，蹲下系鞋带，再抬起头看见越来越远的背影；冰激凌一口没吃，就被旁边的人撞在了地上；付款时，界面显示余额不足；今天遇到了很开心的事，但并没有人分享；自己去看一场电影，坐下后才发现眼镜忘带了……

我们读了那么多书，内心却脆弱得不堪一击。我们疯狂地依赖正能量和鸡汤，但一觉醒来，依然是颓丧的自己。我们都知道要坚强勇敢闯世界，但经常被旁人的一句话就激碎了玻璃心。

我们每个人都好像很容易就陷入自己带来的情绪起伏里，随着情绪的起伏而大起大落。

比如到了一个陌生的新环境，新的城市，新的团队，新的生活，巨大的不安感使我们语无伦次，想要开口说话，却已经忘了要说什么。不知道如何表达，如何讲述，努力笑得嘴角都僵硬了，不过是为了掩饰自己情绪上的不安。然后不敢去社交，不敢去认识新朋友，自己陷入沮丧中无法自拔，甚至连眼前的事情都做不好。

又或者失恋之后，大哭大笑，暴饮暴食，然后生活没有了规律，人生没有了方向，忘记了自己从哪里来，要往哪里去，正在以什么方式努力奋斗。

有时候，生活就像是乘坐情绪的过山车，情绪来的时候好似黑云压城。

情绪失控，生活也跟着失控。我们高兴，难过，欣喜，失望，也曾一蹶不振，好像在那个自己给自己框住的小范围内打转，怎么也走不出来。

人不能活成一团情绪。当你情绪低到冰点时，哭其实是不能发泄情绪、不能治愈伤口的。你会发现，在痛哭流涕里，你丢失了在爱里的自己。当你的情绪处于低潮时，对任何事情都提不起兴趣时，要学会转移注意力。

有些事情既然不如所愿，就尝试着去接受，去面对。

一个人不可能改变世界，世界也不会因你而改变，若身边无法马上出现一个能懂你哄你的人，那你所能做的，就是适应世界，不钻牛角尖。

无论情况有多糟糕，生活给了你多少坎坷，爱情给了你多少磨难，你都该努力去支配自己的环境，把自己从黑暗中拯救出来。

有时候真的觉得生活苦得快熬不下去了，只想抱头痛哭一场。

可是，你手头上的工作还没做完，你预设的目标还没有实现。销售数据不会因为你闹了情绪就直线上升，客户也不会因为你吐槽了就降低要求。而你扪心自问，你真的要带着哭红的双眼去遇见下一段爱情吗？真的要带着一堆未完成的工作去见你的老板吗？

真正一点就炸的“火药桶”，往往是那些最弱的人。他们需要一个出口，来排解积压的情绪；他们需要一个借口，来抚慰潜藏的愤懑。往往这些发脾气的人，亲自证明了他们的智慧不足以解决所面临的问题。

有人问一个作家：“您怎么看待网络暴力？”

作家说：“不会很介意，毕竟都是些戾气无处宣泄，又不知道如何与世界相处的可怜人。”

丧太容易了，顶着一切依旧热爱生活才是真的酷！

——

当你被你糟糕的情绪所控制，时间并不会为你停止。

你刷朋友圈刷到大学同学买房了，高中同学在塞班岛晒太阳，邻居那位新婚姐姐晒了老公给她做的爱心早餐，你以前不喜欢的一个女生找到了帅气又多金的男朋友。在种种对比之下，你可能会感慨自己活得太差劲。朋友们都过得很好，而自己没钱、没房、没爱人，甚至连出去旅游的时间都没有，过得真失败。

可你好好想一想，究竟是别人真的那么强大，强大到能让你鄙视自己，还是因为你自己本身还不够强大，所以才被人轻易影响？很显然，答案是后者。

那些如同神一样的牛人，那些看起来总是赢得毫不费劲的人，都在你看不见的地方付出了很多努力，他们已经学会了不抱怨，把抱怨的时间用来做该做的事。

在你被他们的光芒吸引的时候，却不会看到他们熬夜的倦容。他们身上有光，是因为他们也默默扛下了黑暗。

越长大越觉得世界真是太薄情，让人体会到慢慢消失的依赖感和渐渐游走的温暖。失恋、失业、失去，每一件都是可以击中你的武器，每一支都是能刺穿你的利箭，然后你感到悲伤汹涌而至，无以复加。可翻遍整个世界，发现好像只有自己能治愈自己。

这个时代很焦虑，也很浮躁，外界对个人的影响也很大，很多人过着让你眼红到嫉妒的生活，别人随便的一句话能让你难过很久，生活中随随便便发生的一件事都有可能让你掉下眼泪。你会失落、失望，觉得自己不如别人，这些都很正常。

如果你喜欢这么不堪一击，随便就能被人影响了情绪，那谁又能救得了你呢？希望你早一点明白，你快乐了，世界才能太平；你变得平静、宽容、豁达，无论学识如何，就已经拥有了超越大多数人的心性。

——

人间从来不是乐土，各人有各人的苦。

那些倒苦水换来的些许安慰，不会让事情本身有任何改善，或许还会把更多也跟生活苦苦缠斗的人拖进更深的水里。沉浸在糟糕状态里迟迟不愿结束，你是嫌虐自己不够，还是想继续把情绪传染给别人？

能控制好自己的情绪，同时也让自己的情绪影响自己的行为，是一种能力，更是一种素质。

人的一生需要拥有多种素质，其中很重要的一点就是情绪稳定。

永远不要把眼泪当成逃避的手段，可以哭，大声哭、使劲哭，哭完明天还要继续做人，情绪释放完后，别忘了继续站起来战斗。

希望你永远有着温柔且勇敢的内核，抵得住翻江倒海而来的情绪，在“情绪管理”的这张考卷上，夺得高分。

18

拒绝别人的时候，你会感到愧疚吗？

—

他人对你的尊重，
从来不是因为你的顺从

—

有的时候对别人说“不”并没有什么关系，

因为不让别人给我们增添负担是合情合理的。

某些会耽误自己事情的求助，我们应考虑一下帮忙的后果。

用恰当的语言，表明你的原则不容越线；

用恰当的方式，让对方知道该适可而止。

—

脸脸是我的邻居，因为她厨艺甚佳，我常常去蹭饭，便和她热络了起来。

每天早上我都比脸脸要早半个小时出门。有一天在电梯里碰见她，一问才知道，她的一位同事在隔壁小区住，两人上班顺路，所以脸脸要调整时间，提前出门去接同事。脸脸明显有些不情愿。

脸脸和那个同事不是同一个部门，平时交集不多，更谈不上什么交情。上个月某天早上，脸脸在路口碰见这位同事打不到车，便摇下车窗问了句：“我捎你过去？”

同事上车之后连连道谢，说自己正在因为起床晚了而懊恼，早高峰的车又特别难叫，说脸脸是她的幸运女神。“以后我们一起走吧，我可以帮你带早餐。”脸脸有点不情愿，但又不好意思打断同事的话，只好不出声也不点头，继续开车。毕竟对于成年人来说，沉默已经是一种拒绝了。

可没想到的是，之后的每天早上，这位同事都在脸脸车的必经路口等她，老远看见她开车过来就冲她招手，稍微晚来几分钟，就是微信语音、电话的连环轰炸。

脸脸有些不开心，早高峰虽然拥堵，但自己一个人在车里，听听音乐和广播，也算是工作前给自己的缓冲时间。可自从捎带了同事，每天早上的独处时光变成了尬聊。她尝试过很多种委婉的推托办法，比如说自己早上要先去一趟超市买蔬菜沙拉，或者要帮哥哥送小侄女去幼儿园等，可她得到的回应却是，“那我也跟你一起去送小朋友上学吧”，或者“蔬菜沙拉我也喜欢，我也去买一份好了”。

“为什么不直接说你更习惯一个人出行，不想被长期打扰呢？”我问脸脸。

“怎么说都是一起共事的人，拒绝她总是有些不好意思。”脸脸撇撇嘴。

有太多人情的烦恼并不来自拒绝本身，而是明明不愿意付出，又不想要承担拒绝的代价，所以才总将希望寄托在对方身上，希望对方能够领情且知趣。

不管我们到了什么年纪，我们天生对人际关系的不安全感还是会存在，生怕拒绝别人就会被割席，被抛弃，被讨厌。于是能否满足别人的需求，似乎成了我们能否被喜欢的指标，为了这个指标，就算我们委屈得千疮百孔也在所不惜。

——

两个月后的一天，脸脸生病请假后没有早起，吃了感冒药准备继续睡。刚刚有了困意，就被同事电话吵醒：“你到哪里了？今天有些晚哦。”

脸脸一想，不如索性摊牌好了，说：“我今天请病假了，而且以后我们也不要一起走了。平时还是各走各的，如果哪天有急事再给我打电话。”同事在电话那头愣了几秒，便挂了电话。

我们总是害怕在拒绝后就失去了这个朋友，但其实有的时候对别人说“不”并没有什么关系，因为不让别人给我们增添负担是合情合理的。

某些会耽误自己事情的求助，我们应考虑一下帮忙的后果。用恰当的语言，表明你的原则不容越线；用恰当的方式，让对方知道该适可而止。

让脸脸没想到的是，第二天去了公司，大家看她的眼神都怪怪的。

午餐的时候，脸脸的助理说，那位同事昨天一早到了公司便显得很委屈，说脸脸不近人情，顺路都不愿意搭载她，她每天都给脸脸带早餐，并没有白白蹭车等。

“公司的人不理解你，那你有没有后悔拒绝同事？”

“没有，我反而庆幸自己说出了口。她坐了我两个月的顺风车，因为我的拒绝就到处卖惨，这样的人还是早早远离的好。”

你看，即使你勉强去按别人的意愿行事，也未必能获得别人的喜欢和尊重，有时候换来的反而是得寸进尺，甚至是翻白眼。被你拒绝的人有权利不感恩戴德，而你之所以拒绝，也因为不是非要成为对方口中的“好人”。

也有人说：人情本就是相互亏欠，才能够彼此挂念，有时候我也不是自己不能做而一定要麻烦你，只不过是想借某件小事来让你想起我。

但是，生活中大多恼人的麻烦并不是来自与我们关系亲密的人，而是不太相干的人不请自来地麻烦你。例如“一会儿回来路过食堂顺便帮我打饭呗”“想要出门玩几天，帮我喂一周宠物吧”“今天被领导批评了，心情好差，出来陪我喝酒吧”，或者“下午我想早点走，你帮我做下表格吧”“明天的例会我不去了，帮我签到”，等等。

顺便、帮忙、拜托，这些词从他们口中轻轻松松地说出，好像内心的潜台词是“反正也不是难事，你不会忍心拒绝我吧”。

你有没有发现，在心不甘情不愿地帮了对方之后，也很难获得那种“送人玫瑰，手有余香”的满足，反而是很窝火。

——

有一次，我下班后和表妹约饭，她说她正在加班，我只好在餐厅打包几个她爱吃的菜，去公司找她。

我看见她孤零零地坐在角落里加班，在做PPT。她支支吾吾地说，是帮大家的忙。一见到我，她心里的苦闷好像一下找到了出口。苦什么呢？

比如，工作一天感到疲惫，本想下班后瘫在沙发上看部喜欢的电影，一起实习的同事却邀她一起逛街。因为是一起进入实习期的同事，不好意思拒绝，她只好拖着酸痛的腿去赴约。于是用一次心不在焉的购物兑换了看电影的乐趣。

比如，好不容易到了周末，本想自驾去周边城市度假。一起做合作项目的同事用各种各样看似无法拒绝的理由，把任务都推到了你身上，说法是"帮我一个小忙好吗"。这一个小忙花去了她大半天的时间，她抬头看看时间已是下午，哪儿都去不成了。

为什么说"不"这么难？

或许是为了取悦别人，或许只是想多一事不如少一事，既然对方没有对自己造成太大的伤害，就算了。可你要知道，别人浪费你的时间，都是经过你允许的。

你选择一个什么样的人相伴，与什么样的人为伍，就选择了什么样的生活方式。不懂拒绝，就是变相任由别人一次次打乱你的生活。只有学会了拒绝，才能放过自己。

对需要帮助的人，我们应当永葆热忱和爱心。但并不是苛求自己不断满足别人的需求，而忽略自己的内在想法，让自己活在逼死自己的节奏里。

——

聊到拒绝，我还想说说关于爱情里拒绝暧昧这件事。

朋友罗伊，上周喜提男朋友一位，于是叫一众好友周末去她家小聚。

她男朋友在厨房忙着准备晚饭时，手机刚好来了电话。他一边翻炒着刚下锅的菜，一边叫罗伊："你帮我接下电话，就说是我女朋友，问问是谁。"她男朋友说这话的时候，语气自然，没有半点犹豫。

直男们常常觉得，女生的安全感来自房产证，但其实那种被偏爱、被坚定选择，并愿意为她拒绝一切的安心感，才是最重要的。

罗伊的上段恋情里，她的前任就没有给她这样的安心感。

起初两人是很甜蜜，恋爱必备道具，鲜花、气球、烛光晚餐样样不落。

渐渐地，罗伊发现前任总是背着自己去阳台打电话，一打就是半个钟头，男友解释说是谈工作。至于到了周末偶尔还会关机玩消失，前任的解释是不小心按了关机键，自己也不知道。偶尔半夜还有女生发来语音视频，前任说是一起打游戏的，邀他一起组队打战队赛。

比起任性和无理取闹，女生更擅长敏感。她们既能轻易被你对她的好感动，也能轻易地察觉到你对她态度的反常。

至于那种博爱的情感，我们无法认定是善良周到，还是到处撒网，在复杂的心意中辨别一份独属于自己的爱太费神了。

女孩子对于爱情是贪心的，就只想要百分百的爱，问心无愧的爱，穿过了大雨倾盆、义无反顾奔向自己的爱。

晚餐后，罗伊的男朋友下楼给我们买水果。聊到刚刚接电话的事，闺密们纷纷表示给罗伊现任加分。

罗伊说，她从前以为男生是不懂女生的，如果自己要求得多了，担心会被当成无理取闹。但遇见现在这个男朋友后才知道，其实男生真的什么都知道，知道怎么才能让你安心和开心，问题在于他想不想去做。

在确定关系的第一天，现任就将合照发在了朋友圈，还认真地在签名里写了一句：我的女朋友，罗伊。朋友聚会也会带着罗伊一起，介绍给大家认识。她男朋友会弹吉他，空闲时会录歌放在抖音上。有女孩留言要微信，他都会回复：我女朋友很可爱，我给你她的微信吧。

都是成年人了，面对别人抛出的暧昧时，说丝毫察觉不到真的太假了。

花花世界诱惑丛生，姐姐妹妹又嗲又正。具有招蜂引蝶体质本身并没有错，或许还能证明自身魅力无限，但面对那些花花草草，以一个怎样的态度去面对和处理才是最重要的。

有人把寻找爱情比喻在沙滩上捡贝壳，有的人不仅喜欢这个也喜欢那个，甚至还想拥有整片沙滩；而有的人不捡最大的，也不捡最好看的，而是捡到最喜欢的以后便再也不去沙滩了。

在爱里面，我们需要的不是“我爱你”，而是“我只爱你”，只有这份偏爱才会让人感到安心。只有足够爱时，才愿意为一个人定心。也只有足够爱时，才愿意为了对方拒绝一切暧昧。

世界上有那么多美好的肉体和灵魂，有好感和倾慕是正常的，但绝不能越界。好感和倾慕不是爱，而你爱的人，只能是我。

在这个速食爱情的年代，从不缺花心的人，只缺专一的心。变心是本能，忠诚是选择。懂得拒绝的男人，加一万分。

——

有一次我的一位大学同学来这边出差，给我打电话问是否方便来我家留宿两天。我是独居，家里刚好有一间空房间，于是爽快地答应了。

没想到，当天她来时还带了一个女孩。她私下对我说，女孩是她从小一起长大的朋友，得知她来这里想一起住。我想了一下，觉得家里人多会影响彼此休息，于是告诉她，由于我长期自己住，没有准备多余的枕头和被子，恐怕她们不能在我家住了。“在离我家不远的地方有个性价比很高的酒店，我已经帮你们预订了。我可以送你们过去。”

同学虽面露尴尬，但也就顺水推舟地答应了。

如果自己的理由正当，不要害怕拒绝他人。理解自己不拒绝的理由，也敢于承担拒绝的代价，是一种强大和成熟。

当一个成年人开口提出要求的时候，他的心里根本预备好了两种答案。所以，给他任何一个其中的答案，都是意料中的。接受和忍受被拒绝，是每个成年人应该具备的基本心理素质。

他人对你的尊重，从来不是因为你的顺从。

相反，懂得拒绝才能让别人看到你的原则和底线，也才能让你从人情世故中得到解脱。

有些人不敢拒绝他人，而有些人却是不会拒绝他人。拒绝他人需要一定的技巧，有时需要简单直接的方式让对方死心，而有时采用婉拒的方法会使对方好接受一些。

拒绝虽然会让人失望，但婉拒却将失望降到了最低的限度。它既没有让他人觉得很不舒服，也能够让对方理解你的不得已。在你确实是不便帮忙时，直接拒绝是最有效、最正确的方式。

我很喜欢前段时间看到的蔡康永的一段采访，他说："其实我是鼓励大家做一个比较冷淡的人，我不认为过于温暖是一个跟别人维持良好关系的立场，如果被温暖两个字给绑住，就更吃力了。"

当然，冷淡也不是冷漠，只是充分给自己说"不"的权利。让别人知道你的界限在哪里，才能换来真实的、将心比心的关系。

香港西贡三星湾泳滩，沙子细软，水天湛蓝。

随意坐下，看陪小孩子堆城堡的年轻妈妈，

看等待主人浮潜回来的狗狗，看海边热吻的西班牙情侣，

直到太阳晃得我睁不开眼。没关系，闭着眼继续闻炭烤生蚝的味道。

能有效抑制沮丧的，恰恰是那些普通的日常点滴，

是那些细微的美好和片刻什么都不去想的发呆。

19

是真的没遇到，还是没人要？

—

有人懂你奇奇怪怪，有人陪你可可爱爱

—

到了我这个年纪，

周围的朋友大都找到了稳定的伴侣，开始了下一阶段的人生。

不过我暂时还是无法领悟到组建家庭和生儿育女的快乐。

现阶段让我开心的事情，仍然是看书、写作、买漂亮裙子、

吃吃喝喝、旅行、逛街、挣点钱。

那种感觉就好像，同学已经开始交卷了，

老师说“考场就剩你一个人喽”，

可我还是磨磨蹭蹭，不愿意答完所有大题。

——

微信这东西真是让人又爱又恨。有时候，它给了你一个无比便利的沟通手段，可有的时候，很多烦恼也同样是它带来的。

某天，我突然就被拉进了一个高中同学群。然后，接下来的几天里，群里变得尤其热闹，有同桌相认的，有互相揭老底的，有放大招爆料的，有大搞“旧照片回忆杀”的，等等。一上午没看手机，就动辄几百上千条未读信息。我偶尔会爬楼看看，当年很多画面本来都忘记了，好像忽然间又在脑海里复活了。

想当初，大家都是十七八岁，曾经一起坐在一间教室里，你看过他被英语老师点名罚写单词，他记得你设计过的黑板报；她借给你作文书看，你偷偷抄过她的一道数学题……几十个人，虽说如今已经天南地北，回头想想，还是觉得无比美好，不是吗？

其实在这个群里，最活跃的几乎永远是少数那几个人，更多的人都设置了“消息免打扰”，然后潜水，很少发言，当个吃瓜群众，当然了，我就是其中一个。

就在那几天，会有群里的同学互加好友，其实这很正常，偶尔聊聊天，点点赞。所以有同学加我时，我也没迟疑，马上就按了“接受”。

于是，就有了那句“你已添加对方为好友，现在你们可以开始聊天了”。

在这之后，大多没了下文，默契地变成了此后朋友圈里的点赞之交。还是会有一些人，发来小表情，想再和你多寒暄几句。

基本上一开始还好，可是一旦聊到某一方不想聊的话题时，那就没办法继续了。比如，有同学直接问我："听说你出书了，以前上学的时候老师就总是夸你作文写得好。对了，你结婚了吧，老公是做什么的？"

"没有没有，我还单着呢"，然后接一句"哈哈"，就当是自嘲了。

"也挺好的，一个人自由。"

本以为这场对话结束了，想发个可爱的表情包来结束，谁知对方追加一句："别太挑了，差不多就行了，真的。"

其实关于催婚的明话暗话，我自认为已经免疫了，但每次听到这样的话，心里还是难免"咯噔"一下。我要是说真的不是挑剔，而是没遇到而已，大概会被认为是矫情吧。

很多人跟我一样，也弄不明白，自己心地善良，品行端正，工作稳定，社交健康，可为什么迟迟遇不到合拍的人呢？丘比特怎么就那么忙呢？还是自己忘记在月老那里领号码牌了？不得而知。

——

两百多集的《老友记》里，有这么一集。

大家张罗着给瑞秋搞一个生日派对，可她一直对自己年满三十，即将要开始“三字头”的人生这件事耿耿于怀，怎么都没办法接受。虽然有很多礼物可以收，可她就是很郁闷，大家怎么哄她都无济于事，仿佛三十岁来了就到了世界末日一样。

当时的我其实并不理解，“奔三”这件事真的有那么可怕吗？

你呢，还记得是什么时候开始意识到自己“奔三”这件事的？听着新来的后辈同事自然开口叫你“姐”的时候？还是在电梯里碰见小孩子奶声奶气地叫你“阿姨”的时候？还是同你一起长大的邻居家女孩刚刚生了个女儿，而你喜提“干妈”称号的时候？

脸上微笑着，心里却不爽到爆！我就是这样。

说起来，到了我这个年纪，周围的朋友大都找到了稳定的伴侣，开始了下一阶段的人生。不过我暂时还是无法领悟到组建家庭和生儿育女的快乐。

现阶段让我开心的事情，仍然是看书、写作、买漂亮裙子、吃吃喝喝、旅行、逛街、挣点钱。

那种感觉就好像，同学已经开始交卷了，老师说“考场就剩你一个人喽”，可我还是磨磨蹭蹭，不愿意答完所有大题。

因为写作的关系，加了一个投稿群，也因此认识了任小姐。

她颜值在线，衣品颇佳，工作能力一流。日常我们所认识的她，可以说是干脆利落，走路带风，好像没有事情是她处理不了的，没有什么难关是她跨不过去的。

然而，人永远是多棱镜，看似再强悍独立的人，也有另外一面。

有一次，同城的我们几个人约了小聚，从餐厅出来的时候，任小姐处在微醺的状态。由于顺路，我和她一起打了一辆车。车上我俩聊得也蛮开心的，但是，车停在某个路口等待绿灯的时候，她的目光移向旁边的车里。

当时是初夏时节，车窗基本都是开着大半的，旁边车道的那辆车里，正常坐着一家人，有孩子，有老人，有孩子的父母。孩子看着还很小，乖乖坐在儿童座椅里。两位老人一个劲地在逗孩子笑，孩子妈妈坐在副驾驶里时不时回头跟着一起笑，而爸爸在专心等绿灯。

车子启动了，任小姐转过头跟我说："每次回老家看望父母，我都在心里跟自己说，今年一定要结婚，把自己嫁了，让父母安心。但是稍微冷静下来一想，哎，还是不行……我也想把生活过成父母期望的样子，可是你知道的，有些事真的不可控，真的没办法。"

这个穿着铠甲、无所不能的女人，那一刻的眼神里透着落寞，整个人像被洗劫一空一样，让人心疼。

一

那天有点脆弱的任小姐，让我想起在丽江认识的一个朋友——小猴子。

当时我们几个朋友一起订了客栈，小猴子作为前台接待我们。那里的时间仿佛与整个世界格格不入，上午九十点的时候，整个古城好像才刚刚苏醒。因为我每天都要一个人在院子里晒会儿太阳，于是和小猴子便聊得多了起来。

小猴子是个女孩子，她原本生活在南京，辞掉了银行的工作来到丽江。我不知道她的年龄，看上去二十八九岁的样子。我们留下了彼此的联络方式，我看到她在去年发过一条朋友圈，配图是一张她站在布达拉宫前的照片，光线很美，蓝天很美，宫殿很美，她的笑更美。

小猴子跟我说，原本她以为自己就要那样过一辈子了——在体制内安安稳稳，和大多数同龄人一样结婚、生孩子、带宝宝、做家务。父母心里是着急的，别人家的孩子连考卷上的最后一道大题都写完交卷了，自己家的姑娘还在磨蹭选择题。

有很长一段时间，小猴子说她会莫名烦躁，自我怀疑，看什么都不顺眼，工作也就那样，懒得钩心斗角。总之，有几年时间的工作和生活都挺让她灰心的，没有一件能让她开心的事，也不知道一辈子这样到底意义在哪儿。

自己明明没有错，却又像犯了什么天大的错。在这种状态下，小猴子决定出去走走，这一走，便留在了丽江。

后来我和小猴子一直保持着联络。

我看到她飞去日本学习花艺，回丽江开了花店。古城木府，想想都让人心动吧。许多个夜里，小猴子会给我发信息说："我有时候会幻想生活像俗不可耐的电影剧本一样，在机场领错了行李，或是在小酒馆不小心洒了邻座一身酒，或是在某个书店，两个人在书架上拿起同一本书。可结果什么事都没有发生。"

不过值得高兴的是，小猴子并没有让关心她的人等太久。

在她最新的动态里，我知道她恋爱了。她的照片不再是自拍，而是男友视角。演唱会的票是两张，鳗鱼饭是两份，有人帮她修理花店的灯泡，有人和她一起打烊。照片里的男孩看上去谦和干净，洋气儒雅。金童玉女，一对璧人。

我突然想起张嘉佳写过的一段话：我希望有个如你一般的人，如这山间清晨一般明亮清爽的人，如奔赴古城道路上阳光一般的人，温暖而不炙热，覆盖我所有肌肤。由起点到夜晚，由山野到书房，一切问题的答案都很简单。我希望有个如你一般的人，贯彻未来，数遍生命的公路牌。

嗯，斯人若彩虹，遇上方知有。

男友跟小猴子在尼泊尔旅行的时候，在零食袋里藏了一枚戒指。小猴子在路边摊随手买了十几块钱的头纱，两个人在街头互相看着傻笑。

如果是在电视剧里出现这样的桥段，我肯定会吐槽："现在编剧套路都好相似，没创意。"但小猴子的故事，还是让我心里颤了一下。

一个女孩，她过得是否快乐，与天气无关，与年纪无关，只和她遇到了什么样的人、过着怎么样的人生有关。

——

结婚不是赛跑，更不是人生的终点，不是谁更快到达，谁就是胜者。

"世上只有该结婚的感情，没有该结婚的年龄。"这句老梗出自情商超高的志玲姐姐，不知戳中了多少人的内心。

不要为了结婚而结婚。值得期待的婚姻，不应该是因为年龄大了，因为各方面条件都合适，因为双方父母都满意，因为受不了别人异样的目光，而是因为很爱一个人。你从前从没动过结婚的念头，但因为这个人，你想要和他建立家庭。

世界人来人往，天地浩浩荡荡。那个大雨中为你撑伞的人，那个帮你挡住外来之物的人，那个黑暗中默默抱紧你的人，那个逗你笑的人，那个陪你彻夜聊天的人，那个坐车来看望你的人，那个将哭泣的你搂在怀里的人，那个总是以你为重的人，那个说想念你的人，该出现的时候，他必定会向你狂奔而来。

那个人也许并不是和你在人群中谈笑嬉闹、把酒言欢的那一个，但一定是能在安静的时光里与你认真分享这个世界的人。让你不惧柴米油盐酱醋茶的蹉跎，也不怕年华渐老的考验。

只有深爱你的人才能满足你对这个世界所有的矫情，而且他看你的眼睛光芒闪烁，就像汇聚了全世界的灯火。

没娶的不用慌，待嫁的也别忙。经营好自己，珍惜当下的时光。

10 月的北方，是随处可见的金色的银杏叶，是宽大的卫衣，

是软软糯糯的烤红薯和甜甜的糖炒栗子。

秋天真可爱，秋风一起，连不小心打喷嚏都是“爱啾”！

20

他是真直男，还是不爱你？

—

好看的皮囊你养不起，有趣的灵魂看不上你

—

很多女孩子都说，

当我需要你的时候你不在，那么以后你都可以不用出现了。

我们一直苦苦寻找的所谓爱情的东西，

无非就是渴望得到被人心疼和心疼他人的感觉。

你永远也叫不醒一个装睡的人，

就像你永远也焐不暖一颗不靠向你的心。

—

说到直男，允许我吐槽一下那些重度“直男癌”患者。

那天我去剪头发，当天人很多，洗完头发后，我托着用毛巾包着的湿漉漉的头发，坐在休息区等我的托尼老师。旁边坐着两个男孩，看上去年纪很轻，应该是学徒。两人在旁若无人地神侃。我有一句没一句地听了听，两人聊天的内容大致如下：

我呢，现在没什么本事，只能在这儿学学手艺。没有女孩看得上现在的我，那是她们没有眼光。我希望有个女孩能通过目前一穷二白的表象，爱上我的内涵。不然以后等我当了首席发型师，月入几万的时候，我就要挑挑拣拣了。

我听了一会儿，实在受不了，起身走开了。毫无疑问，该男孩是重度“直男癌”患者了。

人生就是这样，每当你觉得自己已经见识过很多种类的奇葩的时候，总会又冒出几款新的再次刷新你的认知。

什么是“直男癌”？

只会告诉女生“多喝热水”的已经算不上“直男癌”了，小气、啰唆、情商低、大男子主义等，这些也可以忽略。而“直男癌”患者是那些拥有无比奇葩、歪到太空的三观的人，他们活在自己的世界里，坚信自己一直是不容置疑的真理的存在。他们带着九头牛都拉不回来的双重标准，还成天感觉自己又帅又萌，自称小哥哥。

他们逢人就爱说自己去过哪些国家，看过什么名画，喝过什么酒，听过谁的音乐演奏会；或者对美好的事物视若无睹，偏偏揪着某条让人堵心的新闻不放，高谈阔论，搞得一起吃饭的人扫兴至极。

他们嘴上常挂的是："等我有钱了，男人越老越吃香，而女人老了就下架了。女孩子学习好有什么用，最后不还是要嫁人、洗衣、做饭？"

他们总是给自己强加"霸总"人设，评价这，诋毁那。在他们看来，女孩化妆就肯定是为了吸引男生；女孩拎个名牌包，肯定是找了个有钱男朋友；女孩穿了短裙，就是晚上要去蹦迪；他们的工作就是干事业，女孩的工作是"照顾老公和孩子"。

在他们眼里，女生基本分为两种：一种是你对我有意思？对不起啊，你身高不到165cm，胸围只有A罩杯，配不上我；另一种就是，我是潜力股，你居然不喜欢我，你到底有没有品位啊？

遇上这种"直男癌"晚期患者，真是任凭你有多少表情包甩出来都不够用。

—

“直男癌”患者们交女朋友堪比皇帝选妃。

朴素不爱穿搭的那款呢，嫌人家普通得扔在人堆里找不到，担心以后带出去跟朋友聚会跌面儿；人美腿长的那款呢，又嫌人家乱花钱，爱磨蹭，出门之前等上两个小时是常事。

再有，看见平胸的，他们嫌没料；身材好的又觉得人家花瓶没内涵；遇见学历高的，觉得人家孤傲。

抱歉，明明自己段位不高，还360度吐槽女孩子。我倒是觉得，人家肤白貌美读书好，其实就是为了不必嫁给像他们这样的人。

总的来说呢，就是好看的皮囊你养不起，有趣的灵魂看不上你。

当然，我们判断一件事绝不偏心。好姑娘可能遇上“直男癌”晚期患者，而好男孩也同样可能遇人不淑。

有些女孩子找男朋友，经济条件好的嫌人家年纪大；长得帅的没存款；年轻又有钱的，担心人家富二代的少爷脾气不能宠着自己，恋爱不能是甜甜的那有什么意思呢？

眉眼俊朗的，你担心人家桃花朵朵开，没安全感；老实忠厚的，你嫌人家没情趣；工作繁忙的不够体贴；工作清闲稳定的，你又觉得人家不求上进，安于现状。

这世上的好事，不会只跑到你一个人碗里去的。

你选择了清纯的女孩，就得接受她的幼稚；你选择了工作能力强的男孩，就得接受他忙得没时间陪你；你选择了独立的女孩，就得接受她强势；你选择了懂得浪漫的男孩，就得接受他身边桃花朵朵。

你什么都想要，最后往往得不偿失。其实，最后在爱情里过得自在又幸福的人，胃口都不大。

——

橘子小姐在朋友的婚礼上遇见了陆先生。那天在大合照的时候，陆先生站在橘子小姐的左边。

也许是离心脏的位置很近，橘子小姐一下就记住了这个令她心跳加速的人。那天两人互相加了微信，一个月后，发展为情侣。

打从这段感情开始的第一天，橘子小姐就成了那个付出比较多的人。她从前十指不沾阳春水，如今为了他下厨煲汤做菜。她爱惜皮肤如命，却仍愿意熬夜陪他看球。

原本在爱情里，谁付出得多一点，谁付出得少一点也无法计较，谁让爱情是不讲道理的事呢？可是陆先生似乎并没有因为有了女朋友而改变，依旧我行我素，偶尔甚至丝毫不顾及她的感受。

有次橘子小姐半夜胃痉挛疼到直不起腰，打电话给陆先生。

陆先生显然在睡梦中被吵醒很是不爽，“你先喝点热水，现在太晚了，明天如果还疼再去医院吧。”

最后橘子小姐不得不打电话给闺密，两个女孩子半夜去看急诊。在打吊瓶的时候，橘子小姐眼泪止不住地流。男友那如刺骨寒风般冰冷的态度，大概比胃痛更让橘子小姐难过吧。

一个不懂得心疼你的人，他永远也体会不了你的处境和难处，也感知不了你的委屈。他懒得给你制造浪漫，也不会发自内心地关心你呵护你，这些在他看来都是浪费时间和精力的事。恕我直言，你在这样的人身边，每一天都是世界末日。

一个人再优秀，心里没有你，那对你来说就没有意义。你要找的，是有人担心你有没有按时吃饭，心疼你异乡漂泊。

很多女孩子都说，当我需要你的时候你不在，那么以后你都可以不用出现了。我们一直苦苦寻找的所谓爱情的东西，无非就是渴望得到被人心疼和心疼他人的感觉。

你永远也叫不醒一个装睡的人，就像你永远也焐不暖一颗不靠向你的心。

——

一个人对你的好，并不是立刻就会看到的，因为汹涌而至的爱来得快去得也快，而真正对你好的人，往往是细水长流。

你可能会怪他没有付出真心，但在一天天的日子里，却能感觉到他对你无所不在的关心。好的感情，不是一下子把你迷晕，而是细水长流地把你宠坏。

你的善良在他的眼里是无价之宝，你的天真是他最想呵护的城堡。

真正心疼你的人，舍不得你皱一下眉头。所以我一直相信，一个女孩如果温柔可人，必然是男朋友疼出来的，而她的哀怨戾气，也一定是男朋友冷出来的。一个原本乖巧懂事的女孩，变得歇斯底里、不可理喻，也八成是被喜欢的人给逼出来的。

谁不希望自己一辈子在蜜罐里泡着呢？不管一个女孩多么独立好胜，骨子里都住着一个小女生，等待着被保护。如果不是背后空无一人，如果不是得不到爱，谁愿意披荆斩棘，扮演一副刀枪不入的样子。

那些打着“爱你”的幌子，却让你在感情中反复纠结受累的人，多半也没有你想象中那么爱你。

无论我们曾经轰轰烈烈地爱过多少人，希望我们最终都能嫁给爱情，嫁给那个能留下来的、深沉的、不声不响的、像大地一样踏实的、像被窝一样舒服的、不离不弃的人。